污水处理站运维管理技术手册

第一册：A^2O + MBR 工艺

北京市高速公路交通工程有限公司　编

人民交通出版社股份有限公司

北　京

内 容 提 要

本书共分三册，包括污水处理站 A^2O（厌氧-缺氧-好氧）+ MBR（膜生物反应器）工艺运维管理技术手册、污水处理站 RBC（生物转盘）+ CCBF（化学催生微曝气生物滤池）工艺运维管理技术手册、污水处理站 BCFD（生物化学法耦合脱氮除磷）工艺运维管理技术手册。本书适合高速公路、乡镇、农村等分散式生活污水处理站运维人员和管理人员学习使用。

图书在版编目（CIP）数据

污水处理站运维管理技术手册. 1，A2O + MBR 工艺/北京市高速公路交通工程有限公司编. —北京：人民交通出版社股份有限公司，2020.6

ISBN 978-7-114-16461-3

Ⅰ. ①污… Ⅱ. ①北… Ⅲ. ①污水处理—技术手册 Ⅳ. ①X703-62

中国版本图书馆 CIP 数据核字（2020）第 075154 号

Wushui Chulizhan Yunwei Guanli Jishu Shouce Di-Yi Ce：A^2O + MBR Gongyi

书　　名：污水处理站运维管理技术手册 第一册：A^2O + MBR 工艺
著 作 者：北京市高速公路交通工程有限公司
责任编辑：刘　博　杨丽改
责任校对：孙国靖　魏佳宁
责任印制：张　凯
出版发行：人民交通出版社股份有限公司
地　　址：（100011）北京市朝阳区安定门外外馆斜街 3 号
网　　址：http://www.ccpress.com.cn
销售电话：（010）59757973
总 经 销：人民交通出版社股份有限公司发行部
经　　销：各地新华书店
印　　刷：北京虎彩文化传播有限公司
开　　本：880 × 1230　1/16
印　　张：6.5
字　　数：187 千
版　　次：2020 年 6 月　第 1 版
印　　次：2020 年 6 月　第 1 次印刷
书　　号：ISBN 978-7-114-16461-3
全套定价：100.00 元

本书编委会

前　　言

随着经济的快速发展和国家对环境污染问题的日益重视,水污染治理力度逐渐加强。高速公路作为先进的交通基础设施,为驾乘人员提供旅行便利,但因其大多远离城市,驻地和服务区的生活污水难以排入城市管网,需单独建立污水处理站。然而建设移交后,污水处理站的运营和维护问题成为影响污水处理站达标排放的重点。高速公路污水处理站较分散、日处理量较小,污水处理工艺多以生化处理工艺为主,涉及水质维护、机电设备维护修理等项目与污水处理厂类似。但一直以来,针对这类分散式、小水量污水处理站的维护方式、修理方法、成本计算等无规范可循,无技术手册可依,导致高速公路污水处理站的运营水平参差不齐,运营效果千差万别。

为了进一步规范污水处理站的运营维护,北京市高速公路交通工程有限公司以其运营的污水处理站为研究重点,经过广泛研究、充分调查、认真总结实践经验,吸收了多种污水处理工艺的运行经验和运营管理经验,并结合日常维护、修理中的常见问题以及保障出水水质的调试经验等,经过反复论证,制定本手册,用来规范北京市高速公路污水处理站的运营维护。同时本书也为分散式、小型污水处理站的运营维护提供一个全方面的技术指导,提高污水处理站的运营维护水平,使其长期处于达标排放的稳定运营状态。

本手册共分三册,涉及三种工艺:A^2O(厌氧-缺氧-好氧) + MBR(膜生物反应器) + 混凝沉淀工艺、RBC(生物转盘) + CCBF(化学催生微曝气生物滤池)、BCFD(生物化学法耦合脱氮除磷)工艺。本册主要技术内容包含:总则、术语、工艺介绍、运维一般规定、主要设施维护修理、操作规程、管理、污水处理站平面布置图、设备一览表、水质指标分析方法。

本手册可作为高速公路驻地、管理所及服务区等污水处理站的日常管理、维护修理的指导性手册,同时也可作为以乡镇、农村污水处理站为代表的分散式、小水量、片区型污水处理站统一管理的技术指导。

本手册由北京市高速公路交通工程有限公司提出并归口。

编　者

2019 年 12 月

目　录

1 总　则

为规范和指导北京市高速公路服务区、分公司驻地和管理所等污水处理站的日常运营和维护,特编制本手册。

本手册以司马台污水处理站的处理工艺为基础进行编制。本手册的条款适用于高速公路服务区、分公司驻地和管理站采用 A^2O(厌氧-缺氧-好氧法)工艺作为主体工艺的污水处理站的日常检查、运营、维护及相关设备的维修。

污水处理站的运营维护管理除应符合本手册的规定外,还应符合国家和行业现行有关标准的规定。

本手册根据国家颁布的排污许可证的相关要求制定相应的日常维护准则。

2 术　　语

1)生物处理方法(Biological Treatment)

微生物在酶的催化作用下,利用生物(即细菌、酶以及原生动物)的代谢作用,对污水中的污染物质进行分解和转化,处理各种废水、污水和粪尿的方法。

2)活性污泥(Activated Sludge)

微生物群体及它们所依附的有机物质和无机物质。微生物群体主要包括细菌、原生动物和后生动物等。

3)硝化(Nitrification)

在微生物作用下氨氮或游离态氨被氧化成硝酸盐或者亚硝酸盐的过程。

4)反硝化(Denitrification)

在微生物的作用下将水中硝酸盐和亚硝酸盐还原成氮气的过程。

5)化学需氧量(Chemical Oxygen Demand,COD)

在一定条件下,经重铬酸钾氧化处理,水样中的溶解性物质和悬浮物所消耗的重铬酸钾的量相对应的氧的质量浓度。

6)生物化学需氧量(Biochemical Oxygen Demand,BOD)

水体中的好氧微生物在一定温度下将水中有机物分解成无机质,这一特定时间内的氧化过程中所需要的溶解氧量。

7)氨氮(Ammonia)

水中以游离氨(NH_3)和铵离子(NH_4^+)形式存在的氮。

8)总氮(Total Nitrogen,TN)

水中溶解态氮及悬浮物中氮的总和,包括亚硝酸盐氮、硝酸盐氮、无机铵盐、溶解态氨及大部分有机含氮化合物(与碳结合的含氮物质的总称,如蛋白质、氨基酸、尿素等)中的氮。

9)总磷(Total Phosphorus,TP)

水中各种形态的无机磷和有机磷的总和。

10)污泥浓度(Mixed Liquor Suspended Solids,MLSS)

在曝气池单位容积混合溶液内所含有的活性污泥固体物的总质量。

11)30min 沉降比(Sludge Settling Velocity,SV)

1000mL 混合液在量筒内静置 30min 后所形成沉淀污泥的体积占原混合液体积的百分比,又称 30min 静置沉降率。

12)污泥体积指数(Sludge Volume Index,SVI)

曝气池混合液经 30min 静沉后,相应的 1g 干污泥所占的体积(以 mL 计)。

13)回流污泥(Return Sludge)

曝气池混合液经二次沉淀池沉淀浓缩下来的污泥中回流至曝气池的污泥。

14)剩余污泥(Wasted Sludge)

曝气池中的生化反应引起了微生物的增殖,增殖的微生物通常从二次沉淀池中排出,以维持活性污泥系统的稳定运行,这部分污泥称剩余污泥。

15)污泥龄(Sludge Retention Time,SRT)

曝气池内活性污泥总量与每日排放泥量之比,又称“生物固体平均停留时间”。

16)水力停留时间(Hydraulic Retention Time,HRT)

待处理污水在反应器内的平均停留时间,也就是污水与生物反应器内微生物作用的平均反应时间。

17)溶解氧(Dissolved Oxygen,DO)

溶解于水中的分子态氧,通常记作DO,用每升水里氧气的毫克数表示(mg/L)。

3　工艺介绍

3.1　工艺流程

本节以司马台污水处理站的工艺流程为例，对“A^2O+混凝沉淀+MBR+消毒”污水处理工艺进行阐述。

司马台污水处理站位于北京市密云区京沈分公司司马台管理所内。处理站污水来源于管理所内员工日常生活产生的淋浴、洗衣、冲厕废水和餐饮废水。为了保护当地环境、节约水资源而建设的司马台污水处理站，采用“A^2O+混凝沉淀+MBR+消毒”的污水处理工艺。图3-1为司马台污水处理站的工艺流程图。设计污水日处理量为$80m^3$，设计出水水质满足北京市地方标准《水污染物综合排放标准》(DB 11/307—2013)A标准。表3-1、表3-2分别是进水和出水水质指标。

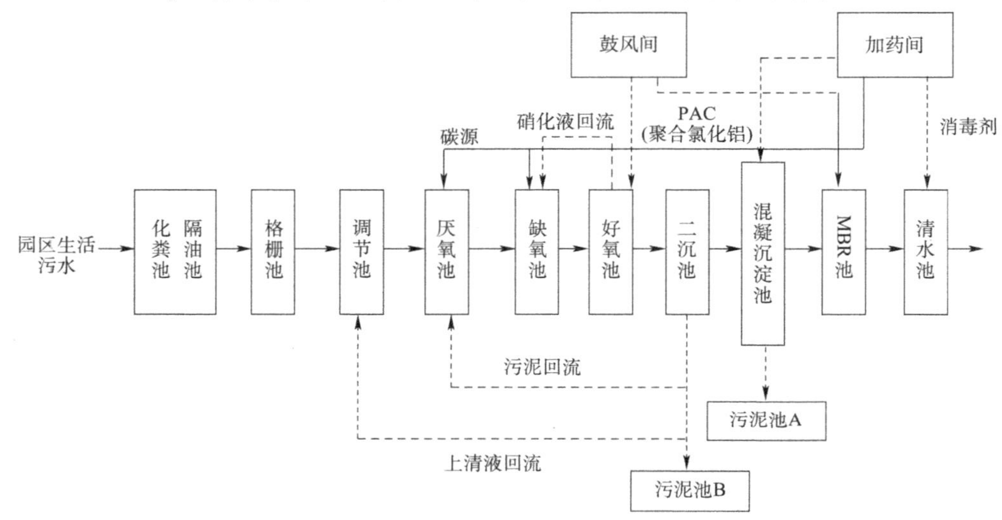

图3-1　污水处理站工艺流程图

污水处理站进水水质　　表3-1

指标	pH	COD_{cr}	BOD_5	SS(悬浮物)	氨氮
单位	—	mg/L	mg/L	mg/L	mg/L
进水指标范围	6.5~8.5	250~450	150~250	100~240	20~40

污水处理站出水水质标准　　表3-2

指标	pH	COD_{cr}	BOD_5	SS	氨氮	总氮	总磷
单位	—	mg/L	mg/L	mg/L	mg/L	mg/L	mg/L
出水指标范围	6.5~8.5	20	4	5	1.0	10	0.2

员工生活工作区的淋浴、洗衣和冲厕废水经过化粪池、餐饮废水经过隔油池后，经管道汇入格栅池进行除渣，随后进入调节池进行水质水量调节。调节池出水进入A^2O生物处理单元。在厌氧池，聚磷菌释放磷，并去除有机物。在缺氧池，反硝化细菌通过生物反硝化作用，将内回流带入的硝酸盐转化成氮气逸散到大气中，从而达到脱氮的目的。在好氧池，聚磷菌超量吸收磷，并通过剩余污泥的排放，将磷除去；氨氧化细菌将进水中的氨氮及有机氮转化成的氨氮转化为亚硝酸盐，再通过生物硝化作用，转化成硝酸盐。二沉池的污泥一部分回流至厌氧池，一部分作为剩余污泥排入污泥池B。调节池的沉淀物质定期排入污

泥池 B;混凝沉淀池的沉淀物质,定期排入污泥池 A。污泥定期外运处置。生物处理单元能够去除水中大部分的 COD、氨氮和磷。出水进入混凝沉淀池,通过投加 PAC(聚合氯化铝)药剂进行深度除磷后,进入 MBR 膜池进行泥水分离,出水流入清水池经消毒后达标排放。

3.2 工艺单元

图 3-2 为司马台污水处理站工艺平面布置图。

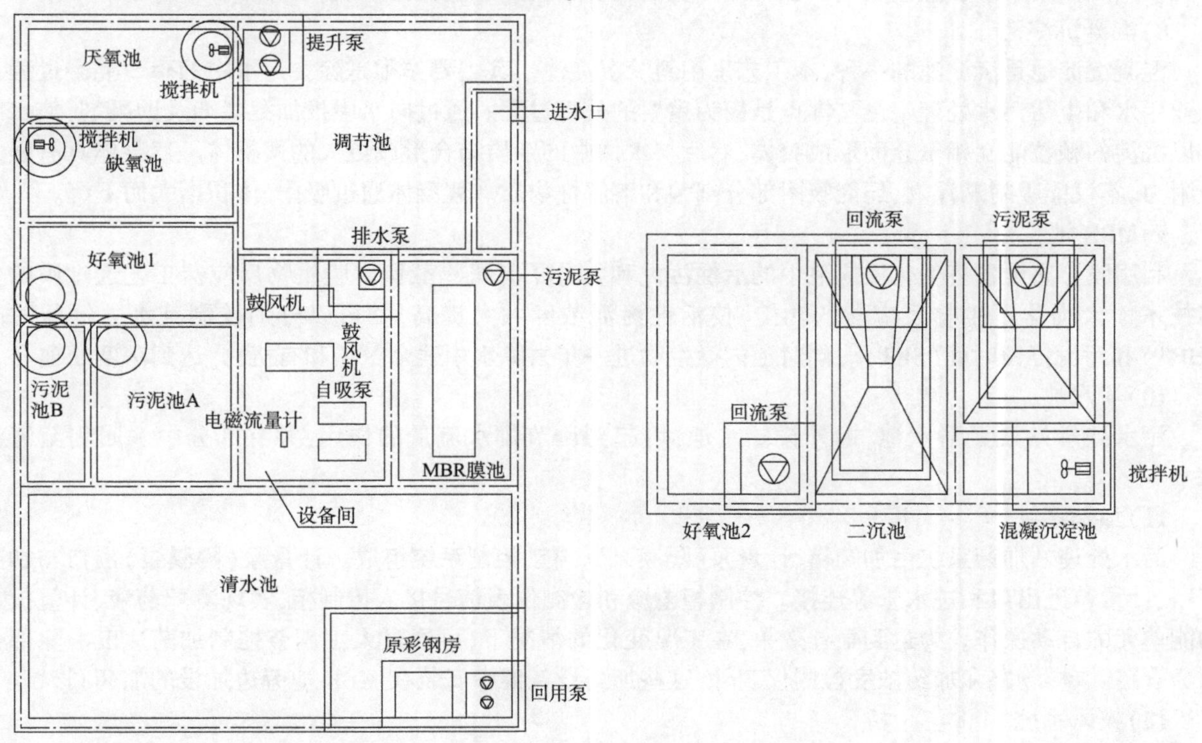

图 3-2 污水处理站平面布置图

1)隔油池

隔油池采用平流式构造。含油废水通过配水槽进入水平截面为矩形的隔油池,沿水平方向缓慢流动,在流动中油品上浮至水面,由集油管流入脱水罐。在隔油池中沉淀下来的重油及其他杂质,积聚到池底污泥斗中。

2)化粪池

化粪池是一种利用沉淀和厌氧发酵的原理,去除生活污水中悬浮性有机物的处理设施,属于初级的过渡性生活污水处理构筑物。污水进入化粪池经过 24h 的沉淀,可去除 50% ~60% 的悬浮物。

3)调节池

无论是工业废水,还是城市污水和生活污水,水量水质每日每时都有变化。由于高速公路服务区所处地理位置、构筑物场地的不同,其排水规律变化大,调节池在处理站内主要用于均衡水量和水质的预处理。

4)厌氧池

一般是指溶解氧含量控制在 0.2mg/L 以下的生化系统。厌氧池主要是利用生物除磷方法释磷。生物除磷主要是利用聚磷菌(属于不动杆菌属、气单胞菌属和假单胞菌属等)在厌氧条件下释放磷和在好氧条件下蓄积磷的特性。厌氧池的主要作用是为聚磷菌提供释放磷的环境,同时也将难降解的有机物质转化成易被降解的有机物质。

5)缺氧池

缺氧是相对于厌氧和好氧的概念。缺氧池是指没有溶解氧但有硝酸盐的反应池,一般是指溶解氧含量控制在 0.5mg/L 以下的生化系统。在缺氧池中，反硝化细菌去除硝态氮，同时去除部分 BOD_5。

6）好氧池

好氧池出水口处溶解氧含量为 2 ~ 3mg/L。好氧池利用活性污泥法进行污水处理，是污水与活性污泥充分接触的场所。好氧池主要由池体、曝气系统和进出水口 4 个部分组成。

7）二沉池

二沉池是活性污泥系统的重要组成部分，其作用主要是泥水分离，使混合液澄清，并浓缩和回流活性污泥。其工作效果能够直接影响活性污泥系统的出水水质和回流污泥浓度。

8）混凝沉淀池

混凝沉淀池是沉淀池的一种，本工艺采用斜管沉淀池。其主要作用是除去污水中的磷。混凝过程是工业用水和生活污水处理中最基本也是极为重要的处理过程。通过向水中投加混凝剂及助凝剂，使水中难以沉淀的颗粒能互相聚合而形成胶体，然后与水体中的杂质结合形成更大的絮凝体。絮凝体具有强大吸附力，不仅能吸附悬浮物，还能吸附部分细菌和溶解性物质。絮凝体通过吸附，体积增大而下沉。

9）MBR 池

利用膜分离设备将生化反应池中的活性污泥和大分子有机物截留。膜生物反应器工艺通过膜的分离技术大大强化了生物反应器的功能，使活性污泥浓度大大提高，并可以分别控制其水力停留时间（HRT）和污泥停留时间（SRT）。同时池内微生物进一步去除水中残余氨氮和有机物，达到深度处理。

10）清水池

污水处理站设置清水池，即外排储水池，可起到调节排水流量的作用，并有部分中水回用至清洁用水。

11）加药系统

污水处理站加药系统由加药箱、计量泵（隔膜泵）、自动控制系统组成。计量泵（隔膜泵）出口与加药管路、计量箱进出口和进水管等连接。控制柜电源和检测仪表信号接入控制柜，实现溶配药液、计量投加功能单元的自动操作。为达到最佳效果，在工况变化的情况下，可通过人工调节控制加药速度。除部分加药管路、取样管路和加药浓度检测仪表外，这些加药设备集中安装在 MBR 池旁边加设的加药间。

12）鼓风系统

鼓风系统也称曝气系统，作用是为好氧池供氧。鼓风系统由鼓风机、空气输送管道以及曝气装置所组成。鼓风机通过空气输送管道将空气送至曝气池内的曝气头，实现曝气，制造好氧环境。

13）消毒系统

污水消毒是污水处理系统中杀灭有害的病原微生物的水处理过程。消毒系统由加药箱、计量泵（隔膜泵）、自动控制系统组成，投加药剂是次氯酸钠，其稀释浓度为 0.2%，按 5 ~ 8mg/L 投放。

4 运维一般规定

4.1 日常巡检

日常巡检是指污水处理站的运维人员对各个构筑物及其附属设备、配电和设备间的巡视检查。

(1)巡检路线:设备间(电控系统、加药设备)→化粪池→隔油池→格栅池→调节池→厌氧池→缺氧池→好氧池→二沉池→絮凝沉淀池→MBR 池→清水池。

(2)日常巡检宜每天1次,雨季、冰冻季节、极端天气和节假日,应增加日常巡检的频次。天气突变,设备超负荷运行时,法定节日和保证用电时,设备检修改造或长期停用重新启动、新设备投产、设备带病运行时,电源跳闸以及运行中有可疑现象时,应增加检查频率,宜每半小时检查1次。

(3)日常巡检方法主要为目测,必要时可配备简易的工器具。

(4)日常巡检主要内容包括:

各构筑物的水流是否正常;

各构筑物的液位是否在规定液位范围内;

池体内各机械设备运行是否正常,有无停机现象;

出水感官质量是否良好,即出水是否清澈透明无异味;

设备间内的清洁情况及设备运行情况;

雨季及假期调节池的水位情况,设备间是否漏雨水;

污水处理站运行中是否有其他异常情况。

(5)日常巡检时,须当场填写"日常巡检记录表"(表4-1),发现构筑物或设备有影响正常使用的问题和安全隐患时,应视情况予以处理或报告,并做好记录。记录方式以文字记录为主,并可辅助配合影像记录。日常巡检记录表及相关影像资料每月汇总后按规定存档。

日常巡检记录表 表4-1

巡检日期: ________污水处理站日常巡检记录表

序号	检查项目	池体			设备			污泥	气味	pH	DO	备注
		渗漏	密闭	堵塞	异响	振动	损坏停机					
1	隔油池											
2	化粪池											
3	格栅池											
4	调节池											
5	厌氧池											
6	缺氧池											
7	好氧池											
8	二沉池											
9	混凝沉淀池											
10	MBR 池											
11	清水池											
12	污泥池											
13	混凝加药设备											

续上表

序号	检查项目	池体			设备			污泥	气味	pH	DO	备注
		渗漏	密闭	堵塞	异响	振动	损坏停机					
14	碳源投加设备											
15	消毒加药设备											
16	药洗加药设备											

记录人:　　　　　　　　　　　　　　　　复核人:

4.2　检　　查

4.2.1　检查的一般规定

检查是指管理和运管人员对污水处理站构筑物及机电设备、控制系统进行的日常检查和定期检查。

(1)日常检查是指管理人员和运维人员对主要构筑物及机电设备、电控系统的运行状况进行的检查。日常检查时应填写“日常巡检记录表”(表4-1)。

(2)定期检查是指管理人员和运管人员对可能影响主要构筑物及机电设备、电控系统正常运行的因素进行周期性检查。定期检查时应填写“定期检查记录表”(表4-2)。

定期检查记录表　　表4-2

检查日期:　　　　______污水处理站定期检查记录表

序号	检查项目	池体			设备			污泥	气味	备注
		液位	密闭	堵塞	异响	振动	损坏停机			
1	隔油池									
2	化粪池									
3	格栅池									
4	调节池									
5	厌氧池									
6	缺氧池									
7	好氧池									
8	二沉池									
9	混凝沉淀池									
10	MBR 池									
11	清水池									
12	污泥池									
13	混凝加药设备									
14	碳源投加设备									
15	消毒加药设备									
16	药洗加药设备									

记录人:　　　　　　　　　　　　　　　　复核人:

4.2.2　日常检查

(1)日常检查每日进行1次。

(2)日常检查采用目测配合简单工器具的方法。日常检查要登记所检查项目的运行情况,估计损坏程度和维护工作量,提出相应的维护措施。

(3)日常检查中发现设备异常或发现故障时,应及时通知维修人员,并上报主管人员。

(4)日常检查应包括下列内容:

检查各构筑物的运行状态及是否有漏水情况;

检查构筑物中附属设备的安装是否有松动,吊装设备是否有腐蚀;

检查机械设备是否有异常响声、振动、停机状况;

检查机械设备的易损件状况;

检查需要润滑油的机械设备的储油量;

检查加药系统的剩余药量,低于最低液面时及时应进行补充;

对进、出水水质取样及指标检测。检测指标包括 COD、氨氮、亚硝态氮、硝态氮、总氮、总磷、SS,并填写"水质检测记录表"(表 4-3)。

水质监测记录表 表 4-3

________污水处理站水质监测记录表

监测时间	COD	BOD	MLSS	氨氮	总氮	总磷	SS	SVI	pH	水温	监测人	备注

复核人:

4.2.3 定期检查

(1)定期检查应符合下列规定:定期检查周期应根据构筑物与机械设备运行状态和技术状况而定,一般为每月 1 次,在节假日等水量较大时,可适当增加对池体的检查频次。

(2)定期检查主要以目测结合工器具对各构筑物进行仔细检查。定期检查的工作有:

了解污水处理站运行数据记录,并填写污水处理设施记录表(表 4-4);

当场填写定期检查记录表(表 4-2);

检查需要清淤的池体液位情况及内部沉淀物等的总量情况;

检查控制系统电源线连接情况和空开等的断电情况;

检查搅拌机等设备安装牢固性等情况;

检查格栅等拦截设备的拦截物总量情况;

检查易损件的破损总量及破损位置等情况;

检查润滑油的液位情况及颜色情况。

污水处理设施运行记录表 表 4-4

________污水处理站污水处理设施运行记录表 日期:

处理设备运行情况			药品使用情况			水质处理情况及监测			操作人
项 目 名 称	开闭时间	处理水量/m^3	药 品 名 称	加药时间	加药量	项 目	进 水	出 水	
格栅			除磷药剂			隔油池			
提升泵			葡萄糖/乙酸钠			化粪池			
污泥回流泵			次氯酸钠			格栅池			
自吸泵						调节池			
回用泵						厌氧池			
风机						缺氧池			

续上表

<table>
<tr><th colspan="3">处理设备运行情况</th><th colspan="3">药品使用情况</th><th colspan="3">水质处理情况及监测</th><th rowspan="2">操作人</th></tr>
<tr><th>项 目 名 称</th><th>开闭时间</th><th>处理水量/m^3</th><th>药 品 名 称</th><th>加药时间</th><th>加药量</th><th>项　目</th><th>进　水</th><th>出　水</th></tr>
<tr><td>碳源加药泵</td><td></td><td></td><td></td><td></td><td></td><td>好氧池</td><td></td><td></td><td></td></tr>
<tr><td>消毒加药泵</td><td></td><td></td><td></td><td></td><td></td><td>二沉池</td><td></td><td></td><td></td></tr>
<tr><td rowspan="2">用药合计</td><td>药品声明</td><td></td><td></td><td></td><td></td><td>混凝沉淀池</td><td></td><td></td><td></td></tr>
<tr><td>投加总量</td><td></td><td></td><td></td><td></td><td>MBR 池</td><td></td><td></td><td></td></tr>
<tr><td rowspan="2">设备维修记录</td><td rowspan="2" colspan="5"></td><td>清水池</td><td></td><td></td><td></td></tr>
<tr><td></td><td></td><td></td><td></td></tr>
<tr><td>备注</td><td colspan="9"></td></tr>
</table>

4.3 维　　护

维护是指为了使污水处理站正常运行，污水处理站的管理者及工艺人员对工艺、构筑物、设备等进行的常规检查、补充、调整、润滑等工作。以保证污水处理站正常工作，延长其使用寿命。

(1)维护的频次由各设备的运行状况和技术参数决定，一般每月 1 次。在特殊情况下，如进水杂物增多、出水水质不达标等情况应增加频次。

(2)维护主要采用专业的工器具、设备等对构筑物等进行必要的清洁、疏通及工艺参数的调整，对机械设备进行检查、调整、润滑，以维护其正常工作状态。维护的主要内容包括：

设备间的维护，如防漏措施维护；

化粪池和隔油池等池体的清淤和外运；

各机械设备的维护，如添加与更换润滑油、更换易损件等；

电控系统各连接线的加固与更换；

格栅拦截物的清理及冲刷；

各构筑物的防渗防腐；

电气设备的维护，如防漏电措施；

活性污泥系统的调整，如调整回流比等运行参数、MLSS 等参数测试；

远程控制系统的定期维护；

水质监测仪器及检测仪器的定期校核。

(3)维护时，需要填写润滑维护记录表(表 4-5)，设备维护记录表(表 4-6)。

润滑维护记录表　　表 4-5

__________污水处理站润滑维护记录表

设 备 名 称	维 护 日 期	维 护 内 容	油品规格名称	用　量	维　护　人

复核人：

设备维护记录表 表4-6

______污水处理站设备维护记录表

序号	设备编号	设备名称	维 护 内 容	1月	2月	3月	4月	5月	6月	7月	8月	9月	10月	11月	12月

编制： 审核： 批准：

4.4 修 理

修理是维修人员就污水处理站构筑物、机械设备、控制系统等损坏部位及故障、异常情况等进行的检修工作。

(1)设备的修理为不定期进行，主要是针对日常巡查和检查时出现的异常情况和故障进行的故障排查和检修，多针对机械设备、连接件和电控系统。极少数情况下针对漏水的罐体。

(2)针对每个设备都有不同的修理方法，具体参照第6章的操作规程。

(3)修理主要内容包括：

根据不同设备的不同损害程度进行修理；

根据构筑物的破损、渗漏情况进行修理。

如：机械设备故障、异常问题排查；电控系统修理及电气元件等更换；供气单元器件、管路等更换；远程控制单元如摄像系统、信号传输系统等检修及更换；MBR等系统的检修及更换。

(4)修理时，应填写设备修理统计表(表4-7)。

设备修理统计报表 表4-7

______污水处理站设备修理统计表

序号	设备名称	产地	供应商	型号	外形尺寸	总质量	安装地点	设备编号	电机数量	电机功率	使用状况	出厂日期	使用日期	设备原值(元)	主要技术性能说明	备注
1																
2																
3																
4																
5																
6																
7																
8																

编制： 审核： 批准：

5　主要设施维护修理

5.1　隔　油　池

5.1.1　检查

1)日常检查

(1)检查罐体液位是否在高液位和低液位之间；

(2)检查进出口滤网处有无异物，是否堵塞；

(3)检查是否有油通过。

2)定期检查

(1)每半个月检查 1 次集油槽，确定并记录油脂上表面距清掏位置的距离；

(2)每半年检查 1 次罐体的腐蚀情况；

(3)每半年检查 1 次池体及管道的破损情况。

5.1.2　维护

(1)每周应清理一次滤网（注：滤网位于进水口处，是一个多孔的金属体），以防过多的菜渣残留导致滤网堵塞，从而影响废水进入隔油池的速度。使用热水洗刷滤网上的油脂。

(2)脱水罐内设置清掏水位线，当油脂达到清掏位置时，即需要进行清掏。清掏周期因季节及具体情况有所不同，一般夏季每 1.5 个月清理 1 次，冬季每个月清理 1 次。

(3)清理时应注意以下几点：

①清理之前，需通风并进行毒气测试，以保证操作人员的安全；

②打开隔油池盖通风 10～15min，不得携带火种或在隔油池旁接打电话；

③清理隔油池之前，在周边设置警示标志或护栏；

④利用工具挖去隔油池表面凝固油垢，然后起动吸污车吸出隔油池内的污水；

⑤隔油池清理完毕后，检查池内有无附着积物、出入口是否通畅；

⑥盖好隔油池盖，清洗工具并清洁工作现场。

5.1.3　修理

隔油池如发生破裂，应及时修补或更换池体。

5.2　化　粪　池

5.2.1　检查

1)日常检查

(1)检查池体液位是否在高液位和低液位之间；

(2)每日清理检查井井盖上的杂物。

2)定期检查

每半个月检查 1 次化粪池三格中固体沉积物距水面的距离，尤其注意最后一格的距离。

5.2.2　维护

化粪池内设置清掏线，当粪便等固态物质沉积位置达到清掏位置时，即需要进行清掏。清掏周期与季节及化粪池大小有关,一般每半年清掏1次。

5.2.3 修理

池体进出水管道发生堵塞或池体发生破裂时,一般需要清空池体进行修理。

对于非硬性的堵塞,如食物残渣或毛发的堵塞,可使用手摇的弹簧式疏通器进行疏通;或用负压方法,如使用橡胶皮碗类工具,按压住进出水口,一松一紧地反复挤压。如果是硬性的堵塞,则需要用高功率的管道疏通机。

5.3 格栅池

5.3.1 检查

1)日常检查

(1)检查格栅电机是否运转正常,是否有杂物缠绕耙齿链;

(2)检查格栅池栅前水位,是否因为栅渣过多导致栅前水位过高。

2)定期检查

每个月检查1次润滑部位的润滑油脂是否富足。

5.3.2 维护

在运转过程中,如有纤维杂物等缠绕阻塞耙齿链,应及时清理,以免影响机器的正常运转。清理时使用长柄钩子将齿链上的杂物勾出清理。

在机器正常运转时,每隔2个月,须用润滑油脂枪在各润滑部位的油嘴中注入1次钙基润滑脂。

减速机中的润滑油须定期更换,一般设备投入使用运转半个月后须更换新油,以后每隔3个月换1次新油。平时应注意减速机润滑油的油位。减速机位于格栅顶部位置,换润滑油时打开减速机顶部盖子,润滑油由专门加油口注入。

对设备的各部位进行定期检查维修并认真做好检修记录,如轴承减速器、链条的润滑情况,传动带或链条的松紧等。

5.3.3 修理

格栅常见问题及解决方法见表5-1。

格栅常见问题及解决方法　　表5-1

序号	常见问题	原因分析	解决方法
1	格栅耙子捞不上栅渣	一般是因为耙子松动,与栅面之间间隙过大	应调整耙子上的调节弹簧,使耙子与栅面贴紧
2	格栅突然停止运行	通常是电控柜的空气开关跳闸所致	将闸合上。若合闸后仍不能恢复运行,则可能是电机发生故障,这时应通知专业维修人员进行检查
3	电机正常运转而耙齿链不运转	设备过载而导致过载安全销被切断	将安全销卸去;更换过载安全销后查清设备过载原因,主要看有无杂物卡住耙齿链,如有杂物卡住耙齿链,清除杂物后方可开机
4	耙齿断裂	可能因被异物卡住或金属疲劳	更换耙齿: (1)将手摇把插入电机尾部方榫内,将断裂耙齿所在的耙齿轴摇至检修孔,或采用电控箱上的点动开关控制电机间歇运转,将断裂耙齿所在的耙齿轴运转至检修孔; (2)卸去检修孔边扳手把; (3)用铁棒将耙齿链卡住; (4)用卡簧钳将断裂耙齿所在的耙齿轴两端的卡簧卸去; (5)将耙齿轴抽出,去除断裂的耙齿,装上新耙齿,再将耙齿轴插入,依次将卡簧装上; (6)装好固定

5.4 调 节 池

5.4.1 检查

调节池用来调节进水的水质、水量。内部设置浮球液位计、提升泵(一般为2台,一备一用)。

1)日常检查

(1)检查池体是否因浮球液位计故障而导致低液位时提升泵空转或水位太高而水泵未起动导致池体溢水;

(2)检查提升泵是否有异常声响;

(3)检查提升泵是否缠绕或堵塞;

(4)目测进水中泥沙含量。

2)定期检查

(1)每半年将提升泵取出检查小修;

(2)每年对提升泵进行1次大修。主要修理部位为:叶轮、机械密封和电机轴承。

5.4.2 维护

(1)一般情况下:夏季每1.5个月清理1次调节池底部沉积物,冬季每个月清理1次。短期内进水泥沙等较多时,应视具体情况进行清理。当提升泵持续一周出水中都含有较多的泥沙时,须对调节池进行清理。

(2)提升泵在使用半年后,应进行检查,依据易损件磨损情况对其进行更换。使用吊车将提升泵从调节池底吊出。

(3)提升泵运行1年后,应对机械密封进行检查,检查润滑油室中润滑油的状况,如润滑油呈乳化状态,应更换N10或N15机械油。润滑油不宜加满,应留10%空隙。

(4)提升泵拆卸、维修、重新组装时,应更换全部O形橡胶静密封圈。润滑油室换油后再次运行时,如较短时间就发生漏水警报,应检查提升泵所有机械密封和加油螺塞是否密封可靠。

(5)提升泵拆卸、维修后,机壳组件必须经过0.2MPa气密性试验检查,以确保提升泵密封可靠。

每隔6~7年(不低于5年)对调节池体大修1次,加强防水、修补池体时须遵循有限空间作业规定。

5.4.3 修理

提升泵的常见问题及解决方法如表5-2所示。

提升泵常见问题及解决方法 表5-2

序号	常见问题	原因分析	解决方法
1	提升泵不运转	(1)电源故障; (2)电机保护断路器跳闸; (3)控制回路故障	(1)启动开关,检查电缆是否有问题,接头是否松开; (2)见本表2,电机保护断路器跳闸的原因分析与解决方法; (3)修理或更换控制回路
2	电机保护断路器已跳闸(在电源接通时立即跳闸)	(1)电机保护断路器的触点或电磁线圈故障; (2)电缆连接松开或者出现故障; (3)电机绕组损坏; (4)提升泵被机械性卡滞; (5)电机保护断路器的过载电流设置太低	(1)更换电机保护断路器的触点、电磁线圈或整个电机保护断路器; (2)检查电缆和接头是否有问题,更换熔断丝; (3)修理或更换电机; (4)切断电源,清洁或修理提升泵; (5)根据电机的额定电流来设置电机保护断路器的过载电流
3	电机保护断路器偶尔跳闸	(1)电机保护断路器的过载电流设置太低; (2)周期性电源故障; (3)周期性出现低电压	(1)见本表2,电机保护断路器的过载电流设置太低; (2)见本表2,电缆连接接头松开或者出现故障; (3)检查电缆是否有问题,接头是否松开,检查提升泵的电源线尺寸是否合适

续上表

序号	常见问题	原因分析	解决方法
4	电机保护断路器未跳闸,但提升泵却停止运行	见本表1水泵不运转或本表2电机保护断路器的过载电流设置太低	
5	提升泵运行不稳定	(1)提升泵进口压力太低; (2)进水管道被杂物部分堵塞; (3)进水管存在泄漏; (4)进水管或提升泵中进入空气	(1)检查进水口条件是否正确; (2)拆下进水管道进行清洁; (3)拆下进水管道进行修理; (4)排空进水管或提升泵,检查进水口条件是否正确

5.5 厌氧池

5.5.1 检查

1)日常检查

(1)检查池体的检查孔及其他附属井口盖板是否密封和牢固,防止人、畜跌入;

(2)检查阀门和阀体是否发生泄漏、损坏或移位等异常情况;

(3)检查进水量以及污水的颜色、气味与回流污泥混合是否出现异样;

(4)检查池内和液面是否存在杂物,机械搅拌设备运行是否正常;

(5)保证潜水搅拌机完全在水下运行;

(6)检测污水的 pH、DO 值。

2)定期检查

(1)每周测定1次污泥浓度,镜检(使用显微镜观察活性污泥)1次;

(2)若搅拌器只有轻微磨损或者没有磨损,则每年检修1次,每5年大修1次;

(3)若搅拌器磨损较为严重,则每年检修2次,每2年大修1次。

5.5.2 维护

(1)每半个月清除1次浮渣与沉砂,同时提升推流装置,清除缠绕在上面的杂物;

(2)检查确保潜水搅拌机一直浸在水中并正常工作。潜水搅拌机的工作温度是水温30℃以下。如果水温超过40℃,潜水搅拌机禁止工作;

每隔6~7年(不低于5年)需对池体大修1次,加强防水、修补池体时须遵循有限空间作业规定。

潜水搅拌机维护方法可参考表5-3。

潜水搅拌机维护方法 表5-3

序号	检查对象	操作过程
1	潜水搅拌机和安装系统上的可见部件	更换或修理磨损与损坏部件,确保所有的螺钉、螺栓和螺母都已上紧,检查起吊装置/扣眼、起吊链和绳索的状态,检查导杆是否垂直; 如果磨损部件妨碍了搅拌机的正常运转,须将其更换
2	油量	如果密封圈渗漏,油室将会受压,用一块布遮住油室以免油喷溅出来。 将潜水搅拌机水平放置,检查油位是否达到轴的中心线以上;通过拆卸放油螺钉来检查油的状态(检查油的状态可以了解是否有泄漏);上好注油螺钉以密封,因油与水分离,先放出来液体说明可能存在泄漏;敲打螺钉,直到有干净的油流出为止。 如果漏油量小于0.1mL/h,机械密封属于正常;装好放油螺钉,再往油室中注入新油。 如果漏油量大于0.1mL/h,重新注油;潜水搅拌机运转1周后,再查油况。 如果漏油量仍大于0.1ml/h,可能是机械密封圈损坏,需要及时修理

续上表

序号	检查对象	操作过程
3	定子室	如果有泄漏，定子室会受压，用一块布遮住螺钉以免油喷溅出来，如定子室中渗入液体，倾斜设备以便定子室中的液体流出来； 检查螺塞是否拧得足够紧； 检查电缆入口是否泄漏； 检查油中是否有水； 一周后再检查定子室，如果定子室又渗入液体，可能是内部密封装置已损坏，需要及时进行修理
4	电缆入口	如果电缆入口渗漏，检查电缆入口是否被封紧并形成有效的密封
5	电缆	如果电缆外皮损坏，应及时更换，确保电缆不会过分弯曲或缩紧
6	潜水搅拌机的转动方向（带电检查）	从电动机向叶轮方向看，如果叶轮没有按顺时针方向旋转，可以调换控制器上三相线中的任意两条线的位置；严禁反方向旋转，以免造成潜水搅拌机的叶轮脱落，并损坏搅拌机；在潜水搅拌机初次起动或每次重新安装后都应检查旋转方向
7	定子的绝缘电阻	使用绝缘测试器，用 500V-DC 高阻表测试，相线间以及任一相线与地面的绝缘值应不小于 1MΩ

5.5.3 修理

厌氧池污泥系统的常见问题及解决方法如表 5-4 所示。

污泥系统的常见问题及解决方法　表 5-4

序号	常见问题	解决方法
1	污泥生长过慢	（1）微量元素不足：可适当添加微量元素； （2）进液酸化度过高：可调节进水的酸碱度； （3）种泥不足：可适当增加种泥
2	处理性能下降，污泥活性不够	（1）温度过低：排除检查口密封失效、保温设施损坏； （2）泥量不足：适当加大污泥回流； （3）营养物或微量元素不足：适当添加营养物或微量元素； （4）溶解氧含量过高：厌氧池的溶解氧含量不得高于 0.2mg/L，此时应检查密封设施是否完整、搅拌是否过猛
3	污泥流失	（1）检查池体、管道是否损坏，如有损坏及时检修； （2）污泥上浮引起流失：可适当增加污泥负荷，通过调节水泵加大内循环水量； （3）污泥中油脂和蛋白过高：检查餐饮废水的隔油装置是否正常运行
4	污泥破碎	（1）负荷过大：此时可通过延长调节池蓄水时间进行水质稳定，以缓解负荷过大； （2）过度机械搅拌：检查推流器和搅拌器是否异常，若搅拌超速可适当调低转速； （3）存在有毒物质：一般不会存在此问题，如若存在，一般通过稀释缓解毒素的作用

潜水搅拌机的常见问题及解决方法如表 5-5 所示。

潜水搅拌机的常见问题及解决方法　表 5-5

序号	常见问题	原因或具体表现	解决方法
1	设备无法起动	可以人工起动	检查所有接头是否都完好无损； 检查继电器和接触器线圈状态； 检查控制开关“人工/自动”部分是否都连接到位
		设备无法接受电压	电源开关是否接通； 起动装置是否有控制电压，熔断丝是否完好； 电线的每相上是否都有电压； 是否所有的熔断丝都拧紧； 过载保护是否重新设置； 电动机电缆是否有破裂

续上表

序号	常见问题	原因或具体表现	解决方法
1	设备无法起动	叶轮变形或者被缠绕	更换叶轮； 进行清洁
2	设备可以起动，但是电极保护系统失灵	搅拌介质浓度过大	更换较小桨距的叶轮； 更换更合适的型号
		设备三相电源电压不足	熔断丝可能发生故障
		过载保护发生故障	更换过载保护装置
		相电流不稳定或太高	由电工进行检查维修

5.6 缺 氧 池

5.6.1 检查

1)日常检查

(1)观察缺氧池是否存在进水量过大或过小等情况，检查污水的颜色、气味是否异样；

(2)检查缺氧池内是否存在杂物，机械搅拌设备运行是否正常；

(3)检查混合液回流情况及与来水混合情况是否有异常。

2)定期检查

(1)每周测定1次污泥浓度，镜检(使用显微镜观察活性污泥)1次；

(2)若搅拌器只有轻微磨损或者没有磨损，则每年检修1次，每5年大修1次；

(3)若搅拌器磨损较为严重，则1年检修2次，每2年大修1次。

5.6.2 维护

缺氧池溶解氧含量应维持在0.5mg/L以下，污泥浓度应在5000~6000mg/L范围内。

每隔6~7年(不低于5年)对池体大修1次，加强防水、修补池体时须遵循有限空间作业规定。

5.6.3 修理

缺氧池内设置搅拌器，其常见问题及解决方法参见表5-5。

缺氧池污泥系统的常见问题及解决方法如表5-6所示。

缺氧池污泥系统的常见问题及解决方法　　表5-6

序号	常见问题	原因分析	解决方法
1	池面出现浮泥	(1)缺氧池中反硝化反应产生的氮气会将部分活性污泥带出水面； (2)温度过低会导致水中泡沫增加	(1)若出水水质不受影响可稍微进行人工搅拌； (2)冬季加强池体的密封保温效果，检查井应保持封闭状态
2	池内溶解氧含量过高	缺氧池溶解氧主要来源于从好氧池中回流的硝化液	通过调小好氧池中曝气量降低缺氧池中溶解氧含量
3	污泥流失	(1)池体、管道有损坏； (2)污泥上浮，可适当增加污泥负荷； (3)污泥中油脂和蛋白过高	(1)检查池体管道，如有损坏及时检修； (2)通过调节水泵加大内循环水量； (3)检查餐饮废水的隔油装置是否正常运行
4	处理性能下降	(1)搅拌不均； (2)溶解氧含量过高	(1)此时应增加搅拌器的搅拌速度； (2)解决方式同本表常见问题2

5.7 好　氧　池

5.7.1 检查

1)日常检查

(1)检查池体液位是否在最高液位和最低液位之间；

(2)观察池面的曝气情况。

2)定期检查

(1)每周测 1 次 MLSS、MLVSS、SV、SVI；

(2)每周做 1 次镜检。

5.7.2 维护

(1)观察好氧池是否存在进水量过大或过小的现象，检查污水的颜色、气味、污泥性状等是否出现异样情况；

(2)应每周检测好氧池水中三氮、COD、TP，以评估工艺处理效果；

(3)检查曝气是否均匀，观察液面气泡状况，曝气良好则气泡均匀；

(4)好氧池中阶段溶解氧含量最佳为 2 ~ 3mg/L，不能低于 1mg/L，低于 1mg/L 则有机物氧化不完全；不能高于 4mg/L，高于 4mg/L 时会造成污泥氧化；

(5)好氧池混合液 pH 值要保持在 6 ~ 9；

(6)好氧池边角区域通常会积累浮渣，一旦发现应及时打捞清理。

每隔 6 ~ 7 年(不低于 5 年)要对池体大修 1 次，加强防水、修补池体时须遵循有限空间作业规定。

5.7.3 修理

好氧池常见问题及解决办法如表 5-7 所示。

好氧池的常见问题及解决方法　　表 5-7

序号	常见问题	解决方法
1	污泥上浮	(1)溶解氧含量不足，可适当调高曝气量； (2)有毒物质进入曝气池，其间沉淀池出水直排，应及时清捞浮泥
2	污泥分散，絮体小，出水浑浊	(1)减少污泥停留时间； (2)适当减小曝气量； (3)重新接种污泥
3	曝气池泡沫过量	(1)洒水消泡； (2)对于顽固气泡可加入消泡剂； (3)增加生物浓度，加大回流污泥的量
4	污泥浓度偏低	(1)DO 过高，适当减小曝气量； (2)营养物质不足，适当投加碳源
5	污泥膨胀	(1)控制工艺参数，适用于轻度、中度早期膨胀： 控制溶解氧含量：池进水端不小于 1mg/L；池尾不小于 3mg/L； 结合溶解氧适当调整污泥回流量； 食微比：控制 F/M 在 0.15，不低于 0.05； 营养要求：保持营养均衡，足量均匀补充 N、P。 (2)提高 pH 值抑制污泥膨胀，适用于高度膨胀： 控制 pH 值在 10 左右，持续时间 4 ~ 8h，进行过程中要求充分搅拌，均匀排放，严格监视各段 pH 值不超过 10.5；控制污泥回流 5%，结合镜检观察和 SV 测定检测效果，一般 2d 后系统会恢复正常。 (3)利用漂白粉抑制和杀灭丝状菌： 投加量为 70 ~ 90g/m^3，投加每袋(50kg)时间间隔 5min，投放总时间不超过停留时间的 1/2，结合镜检和 SV 测定确认效果，一般 3d 后系统恢复正常

续上表

序号	常见问题	解决方法
5	污泥膨胀	(4)投加凝聚剂： 投加合成的有机聚合物、铁盐、铝盐等混凝剂，均可以通过其凝聚作用来提高污泥的压密性，从而增加污泥的相对密度；投加高岭土、碳酸钙、氢氧化钙等，也可以提高污泥的压密性，以改善污泥的沉降性能；但是此方法治标不治本，只能暂时提高污泥沉降性能，没有从根本上解决问题。 (5)如果经过上述的方法1次不行，可以进行2到3次或者混合使用多个方法。如果仍然无效，则需要将污泥全部放空，重新驯化培养
6	污泥老化	(1)确保污泥浓度在一定范围： 通过F/M测定污泥浓度，同时确保排泥的均匀性。 (2)曝气的均匀性和防止过曝气： 通过检测DO，控制出水端DO浓度在2.5mg/L左右。 (3)避免低负荷运行： 控制F/M的值处于0.15~0.25之间，必要时补充外加碳源
7	污泥中毒	(1)阻止污水进一步进入，中断源头； (2)稀释已进入的混合液，加大污泥回流； (3)利用加大排泥抗击冲击

1)污泥膨胀判断方法

SVI≥200，镜检可发现大量丝状菌。

2)污泥老化判断方法

(1)沉降速度：沉降速度比正常情况快1.4倍；

(2)污泥絮团：污泥絮团大而松散，并且絮凝速度也快；

(3)污泥颜色：污泥颜色深暗、灰黑，不具有鲜活光泽；

(4)上清液清澈度：有好的清澈度，游离较多细小絮体；

(5)液面浮渣：曝气池有浮渣和泡沫产生；

(6)镜检会发现后生动物数量占优，污泥菌胶团粗大色深。

3)污泥中毒判断方法

(1)观察SV。

污泥活性降低，原生动物死亡，菌胶团解体、细小化，有大量不沉降细小颗粒，污泥絮凝性变差，絮凝时间长。

(2)镜检。

原生动物死亡或消失：以楯形虫为代表的爬行类原生动物死亡，持续6h后原生动物消失。

后生动物活动减弱。

菌胶团解体，出现大量细小菌胶团颗粒。

液面浮渣色泽晦暗，稀薄松散；镜检浮渣发现无原、后生动物，菌胶团松散，细小部分过多。

5.8 二 沉 池

5.8.1 检查

1)日常检查

(1)每日查看池体周围是否有漏水现象；

(2)每日清理检查井井盖上的杂物；

(3)每日检查出水的感官指标，如悬浮污泥的数量多少、是否有污泥上浮现象、出水是否清澈透明。

2)定期检查

每年进行1次放空检修，重点检查水下设备、管道是否异常。

5.8.2　维护

(1)二沉池每半个月排泥 1 次，通过接到回流泵上的排泥阀进行排泥；

(2)每年进行 1 次放空检修，重点检查水下设备、管道是否异常。

每隔 6～7 年(不低于 5 年)对二沉池大修 1 次，加强池体修补防水时，修补、加强工作须遵循有限空间作业规定。

5.8.3　修理

二沉池常见问题及解决方法如表 5-8 所示。

二沉池的常见问题及解决方法　　表 5-8

序号	常见问题	原因分析	解决方案
1	二沉池出水悬浮物含量增大	(1)曝气池污泥膨胀； (2)进水水量突然增大； (3)曝气池污泥浓度过高； (4)絮状污泥解体； (5)活性污泥在二沉池停留时间过长	(1)应解决污泥膨胀问题； (2)服务区污水处理站一般不存在此类问题，前置的调节池可以起到水质水量的调节作用； (3)应加大剩余污泥的排放量； (4)参考曝气池问题解决方法； (5)加大回流量
2	污泥上浮	(1)污泥在二沉池内发生酸化或反硝化； (2)反硝化造成的污泥上浮	(1)及时排出剩余污泥和加大回流污泥量，缩短污泥在二沉池内的停留时间；加强曝气池末端的充氧量，提高进入二沉池混合液中的溶解氧含量，保证二沉池中污泥不处于厌氧或缺氧状态； (2)可以增加污泥的排放量，降低污泥龄，通过控制硝化程度，达到控制反硝化的目的
3	二沉池表面出现黑色块状污泥	—	保证剩余污泥及时排放，排除排泥设备的故障，清除沉淀池内壁或某些死角的污泥，降低好氧处理系统污泥的硝化程度，加大污泥回流量，防止其他构筑物的腐化污泥进入二沉池

5.9　混凝沉淀池

5.9.1　检查

1)日常检查

(1)每日检查混合、反应、排泥或投药设备的运行状况，及时进行维护；

(2)每日应观察反应池前端、末端、沉淀池配水区矾花状况：矾花大且密实说明混凝效果好；矾花少、余浊大，说明絮凝剂投加量过少；矾花大且上翻、余浊高，说明絮凝剂投加量过多；

(3)检查混凝沉淀池进水、出水浊度。

2)定期检查

运行管理人员应加强对入流本地污水水质的检验，水质发生变化时进行烧杯试验，确认最佳投加量及搅拌速度。

5.9.2　维护

(1)控制均匀稳定的进水量是保证混凝沉淀池高效运行的首要条件；

(2)确保沉淀池出水堰的平整，否则沉淀池出水不均匀造成池内短流，将破坏矾花的沉淀效果；

(3)每个季度清除混凝沉淀池内的积泥，避免反应区容积减小；污泥停留时间一般控制在 18～24h。

每隔 6～7 年(不低于 5 年)对混凝沉淀池大修 1 次，加强防水、修补池体，相应工作须遵循有限空间作业规定。

5.9.3 修理

混凝沉淀池常见问题及解决方法如表 5-9 所示。

混凝沉淀池的常见问题及解决方法 表 5-9

序号	常见问题	解决方法
1	混凝沉淀池末端矾花颗粒细小,水体浑浊	(1)混凝剂投药量不够,应先通过烧杯试验确定最佳投药量后,增加投药量; (2)部分配水孔口堵塞,孔口流速过大,打碎矾花,沉淀困难。此时应停止运行清除积泥
2	混凝沉淀池末端矾花颗粒较大但很松散,沉淀池出水异常清澈,但是出水中还夹带大量矾花	混凝剂投加量过大,可适当减少投药量
3	出水堰脏且出水不均	污泥黏附在堰上、藻类长在堰上,或浮渣等物体卡在堰口上;应经常清除出水堰口卡住的污物;适当加药消毒,阻止污泥、藻类在堰口的生长积累

5.10 MBR 池

5.10.1 检查

1)日常检查

(1)检查池体液位是否在最高液位和最低液位之间;

(2)检测水质指标:包括溶解氧含量、pH 值、COD、氨氮、TP、SS;

(3)观察池面的曝气情况;

(4)观察出水管是否有污泥黏附;

(5)检查跨膜压差;

(6)观察自吸泵是否有异常振动或声响;

(7)观察自吸泵是否有漏水情况。

2)定期检查

(1)每周测 1 次 MLSS、SV、SVI;

(2)每周做 1 次镜检;

(3)每个月进行 1 次反冲洗;

(4)自吸泵每年换 1 次滚动轴承。

5.10.2 维护

1)MBR 池的维护

(1)检查抽吸泵的抽吸流量及跨膜压差。跨膜压差低于 20kPa,属于正常运行状态。当跨膜压差超过 25kPa 时流量也会相对减少,即说明已经产生一定膜污染,此时需要进行膜清洗。

(2)检查曝气状态。检查曝气量是否在标准范围内,以及是否为均匀曝气。发现曝气量异常、有明显的曝气不均匀时,须采取必要的措施,如除去曝气管的结垢、检查安装情况、检查鼓风机以及调整曝气量等。

(3)检测活性污泥的状态。一般正常的 MLSS 在 7000 ~ 18000mg/L。污泥浓度过低时,需添加活性污泥或停止排放剩余污泥;污泥浓度过高时,可采取增加排泥量等措施。

(4)检测溶解氧含量。正常的 DO 在膜生物反应器内均为 2mg/L 以上。没有满足该条件时,如果未超过最大曝气量,可采取调整曝气量等必要的措施改善曝气的溶解氧条件。

(5)检测 pH 值。正常的 pH 值为 6 ~ 8。不满足该条件时,可能会发生无法达到既定性能的情况,需添加酸或碱来调整 pH 值。

(6)每隔 3 ~ 5d 需对曝气管进行清洗。

(7)如果停机时间超 24h,需要添加保护剂来保护滤膜不受生物污染。具体做法是将膜组件保存在

0.5%～1.0%亚硫酸氢钠清洗溶液之中。在长期不使用的情况下，需要每隔一段时间更换1次保护液，并且保证膜孔充满保护液，这一点可以通过短时间的抽水过滤来实现。

(8)检查出水浊度。当出水水质较差时，需要检查膜组件，观察是哪片膜泄漏，泄漏的膜的出水管会有污泥沉积，管路发黑。若发生泄漏的膜片数小于总膜片数的10%，则不需要进行更换。若泄漏的膜片数为单数，将出水管打结即可；若为双数，则两两短接。

(9)MBR 开机时，一定要先开鼓风机，再开自吸泵；关机时，顺序相反，否则膜会堵塞。

(10)曝气清洗阀每天打开1次，每次开启5min。

(11)膜片损坏10%以上时，需更换膜片。

(12)每半个月通过排泥管道排泥1次。

每隔6～7年(不低于5年)对 MBR 池池体大修1次，加强防水、修补池体。加强、修补工作须遵循有限空间作业规定。

2)自吸泵的维护

(1)滚动轴承：当自吸泵长期运行后，轴承磨损到一定程度时，需要进行更换。

(2)机械密封：在机械密封不漏液的情况下，一般不应该拆开检查；若挡水圈向外洒水时，则应对机械密封进行拆检。装拆机械密封时，必须轻拿轻放，注意配合面的清洁，保护好静环和动环的镜面，严禁敲击碰撞。机械密封产生泄漏的原因主要是摩擦面拉毛，另一原因是O形橡胶密封圈安装不当，造成变形老化，此时需要调整或更换O形橡胶密封圈，重新装配。

5.10.3 修理

MBR 膜常见问题及解决方法如表5-10所示。

MBR 膜的常见问题及解决方法 表5-10

序号	常见问题	原因分析	解决方法
1	抽吸口不出水	(1)抽吸泵转动方向错误； (2)开始启用时泵内无水； (3)抽吸泵入口管路严重漏气	(1)检查并调整抽吸泵转向； (2)向自吸泵腔内注水后起动； (3)检查并修理管路
2	抽出的水中有大量气泡	抽吸管路有漏气点	检查漏气点并修补
3	抽吸出水混浊	(1)一块或几块膜元件严重损坏； (2)膜元件与抽吸总管的连接软管脱落； (3)抽吸管路局部出现裂缝； (4)透过侧生长有细菌	(1)检查出水混浊的膜元件并更换； (2)检查并重新连接好膜元件与抽吸总管； (3)检查并修补抽吸管路； (4)对出水管路用有效氯浓度为100～200mg/L 的 NaClO 进行注入清洗
4	抽吸压力上升较快(正常负压低于0.02MPa)	(1)抽吸通量偏高； (2)滤膜被污染； (3)曝气系统运行不正常； (4)活性污泥浓度过低或过高	(1)降低抽吸通量； (2)清洗滤膜； (3)检修、调整曝气系统； (4)检测活性污泥并恢复到正常范围
5	曝气空气达不到标准量[曝气量10L/(片·min)]	鼓风机故障	检修鼓风机
		曝气管堵塞	清洗曝气管
6	膜组件内或膜组件间曝气状态不稳定	该膜组件的曝气管堵塞	清洗该膜组件的曝气管
7	透过水量减少或膜间压差上升	有膜堵塞	进行药洗
		曝气异常导致没有良好地冲洗膜面	改善曝气状态
		污泥形状异常导致污泥过滤性能恶化	(1)改善污泥性状； (2)调整污泥排放量； (3)阻止异常成分(油分等)的流入； (4)调整 BOD 负荷； (5)调整原水(添加 N、P 等)

自吸泵常见问题及解决方法如表5-11所示。

自吸泵常见问题及解决方法 表5-11

序号	常见问题	原因分析	解决方法
1	自吸泵不出水	(1)自吸泵腔内未加储液或储液不足; (2)吸入管路漏气、堵塞; (3)自吸泵端电压过低; (4)吸程太高或吸入管路太长; (5)机械密封泄漏量过大	(1)加足储液; (2)消除管路漏气现象,清理堵塞; (3)调整电压; (4)降低吸程或缩短管路; (5)修理或者更换机械密封装置
2	自吸泵出水不足	(1)因使用不当,导致叶轮流道或吸入管路被堵塞; (2)叶轮磨损严重; (3)功率不足、转速太低	(1)清除堵塞物; (2)更换叶轮; (3)调整至额定转速
3	自吸泵噪声、振动过大	(1)自吸泵底座不稳; (2)自吸泵轴承磨损严重; (3)自吸泵与电机主轴不同轴; (4)自吸泵产生气蚀现象	(1)加固底座; (2)更换轴承; (3)调整同轴度; (4)调节出口调节阀,消除气蚀现象
4	轴承温度过高	(1)润滑脂变质或干燥; (2)轴承损坏	(1)更换润滑脂; (2)更换轴承
5	自吸泵泄漏	(1)密封连接处螺栓松动; (2)机械密封损坏	(1)紧固螺栓; (2)更换机械密封元件

5.11 清 水 池

5.11.1 检查

1)日常检查

(1)检查池体是否因浮球液位计故障而导致低液位时提升泵空转或水位太高而水泵未启动导致污水溢流等现象;

(2)每日清理检查井井盖上的杂物;

(3)每日检查出水的感官指标,如出水是否混浊、是否含有悬浮物、出水颜色是否正常等;

(4)每日检查清水泵的运行情况,是否有异响。

2)定期检查

(1)每年春季将清水池排空、检查;

(2)每月对进、出清水池电动阀门检查1次;

(3)每季度对长期开启和长期关闭的电动阀门操作1次;

(4)检查清水泵的易损件磨损情况及线路连接情况。

5.11.2 维护

(1)科学控制清水池水位,确保清水池排水泵在低液位停止,在高液位启动,完成清水外排;

(2)每半年将清水泵取出检查小修,每年对泵进行1次大修,主要修理部位为叶轮、机械密封和电机轴承。

5.11.3 修理

清水池常见问题及解决方法如表5-12所示。

清水池常见问题及解决方法　表 5-12

常见问题	原因分析	解决方法
水体外溢	(1)清水池内浮球控制失效； (2)清水泵故障； (3)清水池泄漏	(1)检查浮球位置及缠绕情况、导线的连接情况及腐蚀情况、信号传输情况； (2)检修清水泵； (3)清水池一般不易泄漏，如发生泄漏，应排空补修

5.12 污　泥　池

5.12.1 检查

1)日常检查

(1)每日查看污泥池液位情况及上清液溢流是否有堵塞现象；

(2)观察曝气管的曝气状态，是否存在堵塞现象；

(3)每日清理检查井井盖上的杂物。

2)定期检查

每周检查 1 次污泥池污泥堆积厚度。

5.12.2 维护

(1)每个月进行 1 次集中排泥；

(2)每年清空污泥池体 1 次，清洗池体内壁，并清除污泥池搅动曝气管中堵塞的污泥；

(3)运走、处置剩余污泥。

5.12.3 修理

污泥池常见问题及解决方法如表 5-13 所示。

污泥池常见问题及解决方法　表 5-13

常见问题	原因分析	解决方法
污泥堆积严重	(1)排泥口堵塞； (2)池底坡度不足	(1)人工疏通排泥口； (2)清理底泥，必要时铺设水泥加大池底坡度

1)清理污泥池时必须采用的安全措施

(1)设置有毒有害气体探测仪、自动报警仪器，配安全带、安全绳、空气呼吸器等安全器材和个人防护用品；

(2)作业和抢救时必须戴防护面具、防护手套；

(3)设置必要的通风设备；

(4)在危险源处设置安全警示标志。

2)清理作业的流程

(1)敞开污泥池 1 ~ 2h，然后用有害气体探测仪检测其中的有害气体的浓度，当浓度下降到安全下井的要求时，方可以下到池底作业；

(2)系好安全带、安全绳等个人防护用品下井作业；

(3)将池底污泥打包处理，利用提升机提升到井外；

(4)下井作业人员必须 2h 更换 1 次(循环作业)；

(5)其他注意事项可参考“6.8 有限空间安全作业”。

5.13 混凝加药系统

混凝加药系统主要包括溶药箱、隔膜计量泵、配电柜和加药管路。本工艺投加除磷药剂用于化学除磷。

5.13.1　检查

1)日常检查

(1)检查加药装置的各连接部位、过滤器、进料口、出料口等,观察这些部位是否有沉积物质,如发现这类问题,应及时加以清理;

(2)观察紧固件是否松动。

2)定期检查

(1)每周检查1次计量泵进料口是否堵塞;

(2)每个月清洗1次管线和过滤器;

(3)每周检查1次搅拌器,查看搅拌轴是否转动灵活,叶片是否扭曲变形,联轴器是否松动,以免搅拌轴负载过大,如有损坏应及时更换;

(4)每个月对安全阀、压力表及各管线阀门进行1次检查,以免发生泄漏事件;

(5)每个月对各个润滑点补充1次润滑油脂。

5.13.2　维护

(1)每个月进行1次管线、过滤器的清洗;

(2)每个月对各个润滑点补充润滑油脂1次;

(3)每半年对隔膜泵加1次油。

5.13.3　修理

隔膜计量泵(简称"计量泵")常见问题及解决方法如表5-14所示。

隔膜计量泵常见问题及解决方法　　表5-14

序号	常见问题	原因分析	解决方法
1	流量不足	计量泵额定流量较大,但由于入口管路管径过小,导致计量泵吸入不足	(1)加大入口管路管径,保证计量泵充分吸入; (2)增加入口压力,保证计量泵充分吸入
		入口管路存在泄漏	修复入口管路
		计量泵入口管路过长,导致计量泵吸入不足	(1)加大入口管路管径,保证计量泵充分吸入; (2)改变计量泵安装位置,缩短入口管路长度; (3)在靠近计量泵入口增加立管,改善吸入条件
		计量泵为提升安装,入口管底部没有装角阀	在入口管底部增加角阀
		计量泵出口所配置的安全阀存在内部泄漏,导致出口流量不足	维修或更换安全阀
		介质黏度过大,流动性差,导致计量泵吸入不足	(1)选择适用的阀或计量泵; (2)稀释介质,降低黏度,增加流量,保证投加浓度; (3)提高介质温度,降低黏度; (4)加大入口管路管径,减少阻力,保证计量泵充分吸入
		介质接近汽化点,导致介质气液两相混合	(1)增加入口压力,保证介质完全液态; (2)降低介质温度,使介质保持在液态
		介质含有颗粒,磨损单向阀体,导致内部泄漏	(1)更换阀体; (2)在满足耐腐蚀的条件下,改变阀体材质,提高阀体耐磨性; (3)提高过滤器目数,增加过滤效果; (4)采用专用单向阀结构和材质
		单向阀表面钝化层被破坏,导致阀球与阀体不断被破坏	根据具体介质特性,采用针对性耐腐材质,更换进出口单向阀

续上表

序号	常见问题	原因分析	解决方法
2	流量过大	计量泵出口压力低于入口压力，发生虹吸现象	在计量泵出口管路中加装背压阀，保证计量泵出口与入口之间的压差
3	管路振动	进口管路的管径过小，不能保证吸入，导致振动	加大进口管路的管径
		出口没有缓冲器或缓冲器容积过小，出口管径也过小	增加缓冲器、更换缓冲器或调整缓冲器充气压力；加大出口管路的管径
4	电机不运转	电源供电问题	（1）确认电源供电方式是否正确，220/380V 的电机是双电压电机，必须是三相电源； （2）用电压表确认电机供电是否存在缺相； （3）确认过载保护是否触发，如果触发，需要复位或重新设置； （4）用万用表确认供电电缆是否内部断路； （5）用万用表确认电机内部是否断路； （6）确认电机三相绕组的电阻是否一致
		变频器出现过流报警	（1）确认变频器功率是否与电机功率匹配，通常变频器功率比电机功率放大一档； （2）确认变频器起动时间设置是否过长，必要时重新设置较短的起动时间； （3）确认变频器内部过载保护设置是否与电机功率匹配； （4）确认电机功率配置是否正确，专用变频电机无须功率放大，普通电机变频器应放大功率至少一档； （5）用万用表确认电机三相绕组的电阻是否一致； （6）检查变频器内部的负载类型，应选择泵类负载
		电机已烧坏	（1）确认电机接线方式 Y/△是否正确； （2）确认供电电源是否存在缺相； （3）确认计量泵出口是否存在超压，导致设备超载； （4）确认泵内部是否存在卡紧：将计量泵进出口管路松开，将冲程调到 0%，用手盘动电机风叶，逐渐增加冲程，再次盘动电机风叶检查； （5）采用普通电机变频调速，如果运转频率过低，电机没有散热，会导致电机烧坏，因此需设定低频限制
5	计量泵内部噪声	（1）进出口单向阀内部发出撞击声； （2）内部压力释放阀工作； （3）内部压力润滑系统释放阀工作； （4）蜗轮/蜗杆在吸入与排出行程转换之间出现冲击； （5）吸入与排出行程转换之间出现冲击，导致联轴器爪盘相互撞击； （6）碟形弹性垫片失效	（1）阀球与阀体之间会产生正常的撞击声，单向阀越大，声音越响； （2）检查出口压力是否异常，导致释放阀工作；检查入口管路是否堵塞，导致释放阀工作；检查计量泵进出口之间是否压差不足，导致释放阀工作； （3）确认润滑油牌号是否正确； （4）检查出口管路中是否安装缓冲器，缓冲器充气压力是否正确； （5）检查电机转向是否正确；检查出口管路中是否安装缓冲器，缓冲器充气压力是否正确； （6）更换碟形弹性垫片

5.14　碳源投加系统

碳源投加系统主要包括溶药箱、隔膜计量泵、配电柜和加药管路。常规投加的碳源以乙酸钠、葡萄糖为主，投加到缺氧池以提高 C/N 比，保证反硝化的顺利进行。

5.14.1 检查

1)日常检查

(1)检查加药装置各连接部位、过滤器、进料口、出料口等,观察这些部位是否有沉积物质,如发现这类问题,应及时加以清理;

(2)观察紧固件是否松动。

2)定期检查

(1)每周检查1次计量泵进料口是否堵塞;

(2)每周检查1次搅拌器,查看搅拌轴是否转动灵活,叶片是否扭曲变形,联轴器是否松动,以免搅拌轴负载过大,如有损坏应及时更换;

(3)每个月对安全阀、压力表及各管线阀门进行1次检查,以免发生泄漏事件。

5.14.2 维护

(1)每个月对管线、过滤器定期清洗1次;

(2)每个月对各个润滑点补充1次润滑油脂;

(3)每半年对隔膜泵加1次润滑油。

5.14.3 修理

碳源投加系统和混凝加药系统选用的设备组成几乎相同。修理方法见表5-14。

5.15 消毒加药系统

消毒加药设备主要包括储液罐、隔膜计量泵、配电柜和加药管路。一般消毒药剂采用次氯酸钠固体溶解后使用或直接使用次氯酸钠溶液,通过管路投加到清水池或清水池进水管道内。

5.15.1 检查

1)日常检查

(1)检查加药装置各连接部位、过滤器、进料口、出料口等,观察这些部位是否有沉积物质,如发现这类问题应及时加以清理;

(2)观察紧固件是否松动。

2)定期检查

(1)每周检查1次计量泵进料口是否堵塞;

(2)每个月对安全阀、压力表及各管线阀门进行检查,以免发生泄漏事件。

5.15.2 维护

(1)每个月对管线、过滤器定期清洗;

(2)每个月对各个润滑点补充1次润滑油脂;

(3)每半年对隔膜泵加1次油。

5.15.3 修理

加药消毒设备和混凝加药系统选用的设备组成几乎相同,修理方法见表5-14。

5.16 鼓 风 机

鼓风系统主要包括鼓风机、曝气管路和曝气头,用以向好氧池和MBR池鼓风供气。

5.16.1 检查

日常检查:

(1)观察紧固件是否松动;

（2）观察鼓风车间是否脏乱；

（3）检查鼓风机是否有异常声响；

（4）检查鼓风机润滑油箱内的储油量是否低于最低刻度线，如机油不足则要加油，机油的型号为 ISO 标准 N46 抗磨液压油；

（5）检查机油中是否混入水等其他物质而导致变质，如变质要及时更换；

（6）检查滴油嘴的滴油状况是否正常，如滴油嘴有油泥、污物等杂物，可卸下调整螺钉清洗油嘴；

（7）检查空气滤清器是否洁净，如果内有污物，可卸下空气滤清器，旋开蝶形螺母，打开盖子，清洗过滤海绵；

（8）检查安全阀的灵活性，如果有卡滞等现象，应清洗调试，以保证其工作的可靠性；

（9）检查有无漏油、漏气的部位，如果有，则要及时进行修补；

（10）清理鼓风机厂房，保持清洁，确保通风良好；

（11）检查曝气头的曝气状况，如果有超过 30% 面积的曝气区域不工作，就要及时修理；

（12）检查三角传动带的松紧度；

（13）检察曝气管路是否有破裂漏气。

5.16.2　维护

（1）每周清洗 1 次空气滤清器；

（2）每个月加 1 次润滑油。

5.16.3　修理

鼓风机的常见问题及解决方法如表 5-15 所示。

鼓风机常见问题及解决方法　　表 5-15

序号	常见问题	原因分析	解决方法
1	噪声高	（1）管道堵塞引起压力升高； （2）传动带罩安装不当引起振动； （3）鼓风机轴承磨损； （4）鼓风机内进入灰尘造成研伤； （5）无润滑油； （6）润滑不良； （7）V 形带轮松动； （8）三角带打滑	（1）清理或更换管道； （2）重新装好传动带罩； （3）更换新的轴承； （4）拆修鼓风机； （5）检查供油系统； （6）清洗滴油嘴和润滑油过滤器； （7）紧固顶丝； （8）调整传动带张紧度
2	发热	（1）鼓风机超负荷运转； （2）鼓风机进气口滤清器堵塞； （3）鼓风机转子靠偏； （4）润滑油断供； （5）传动带打滑； （6）鼓风机润滑不良； （7）鼓风机内部研伤	（1）检查管道是否堵塞，需要时清理管道； （2）清洗空气滤清器； （3）用木槌轻轻敲打端盖； （4）补充机油并检查供油系统； （5）调整传动带松紧度； （6）换油并清洗滴油嘴和润滑油过滤器； （7）拆修鼓风机
3	出风量不足	（1）鼓风机进口滤清器堵塞； （2）无润滑油； （3）润滑不良； （4）传动带打滑； （5）进出风管道漏风； （6）进出风管道太长	（1）清洗进口滤清器； （2）检查供油系统及补充油量； （3）清洗润滑油过滤器及滴油嘴； （4）调整传动带松紧度； （5）修补管道； （6）重新设置管道
4	润滑油 消耗太快	（1）鼓风机超负荷运转； （2）空气滤清器堵塞； （3）润滑系统漏油； （4）温度过高造成机油蒸发飞溅	（1）检查进出风管道系统； （2）清洗空气滤清器； （3）修补漏油处； （4）检查原因并修好

续上表

序号	常见问题	原因分析	解决方法
5	传动带破损	(1)超负荷运转; (2)传动带打滑; (3)两端带轮不平行	调整传动部分
6	电机停转	(1)超负荷运转; (2)鼓风机研伤; (3)电源接线不良; (4)鼓风机内部过脏或轴承损坏; (5)鼓风机本身存在质量问题	(1)检查管道系统; (2)检修; (3)检修; (4)清洁电动机或更换轴承; (5)更换鼓风机

阀门常见问题及解决方法如表 5-16 所示。

阀门常见问题及解决方法 表 5-16

序号	常见问题	主要原因	解决方法
1	阀门无法完全打开或完全关闭	(1)阀门闸板处有异物卡阻; (2)开度限位器与阀门闸板旋转角度不相符; (3)阀门两侧压力相差过大; (4)限位器已损坏	(1)清除异物; (2)重新调整限位器; (3)利用旁通阀或其他办法消除压力差; (4)修复或更换
2	阀门外部泄漏	(1)凸缘之间的密封圈装配不良或失效; (2)凸缘之间有间隙	(1)重新安装或更换密封圈; (2)重新安装

曝气头常见问题及解决方法如表 5-17 所示。

曝气头常见问题及解决方法 表 5-17

常见问题	主要原因	解决方法
曝气效果差或不理想	(1)有杂质堵塞曝气头; (2)曝气头设置不合理; (3)空气管泄漏; (4)供气不足; (5)曝气头安装水平误差过大; (6)曝气头已损坏; (7)曝气头微孔过大; (8)曝气头松动; (9)水流过快或不均匀; (10)叶轮、叶片不平衡; (11)叶轮、叶片有杂物; (12)叶轮、叶片已损坏; (13)叶轮、叶片入水深度过大或过小	(1)清除杂质,调整、修复或更换曝气头; (2)重新调整或设置曝气头; (3)修复或更换空气管; (4)检查、修复、调整供气装置; (5)重新安装或调整曝气头; (6)修复或更换曝气头; (7)更换曝气头; (8)重新安装或调整曝气头; (9)重新调整鼓风机叶片、叶轮角度; (10)重新调整叶片、叶轮动平衡; (11)清除杂物; (12)更换或维修叶片、叶轮; (13)重新调整叶轮位置

5.17 水质维护

5.17.1 出水氨氮过高时的维护方法

(1)检查好氧池中溶解氧含量是否在 2~3mg/L 范围内,若溶解氧含量偏低,需通过调节曝气量增加曝气。

(2)在确保溶解氧充足的条件下,延长曝气时间。

(3)进水负荷的突然增高也会导致氨氮去除效果不佳,此时应通过延长反应时间、调小进水流量来降低负荷的冲击。

(4)污泥膨胀造成污泥流失。此时参照表5-7进行调整。

5.17.2　出水硝态氮过高时的维护方法

(1)好氧池到缺氧池的回流量不足会导致好氧池中的硝氮直接进入下一反应单元，此时应调整回流泵增大硝化液的回流。

(2)反硝化作用不完全也会导致硝态氮去除不完全。先检查缺氧池溶解氧含量是否高于0.5mg/L，若超出范围应检测好氧池中溶解氧含量是否过高。因为好氧池过多的溶解氧会随着回流液进入缺氧池，造成缺氧池溶解氧含量过高。此时调小曝气量以达到控制溶解氧含量的效果。

(3)碳源不足也是影响反硝化性能的原因之一。此时可向缺氧池中投加碳源。具体投加方式参照6.1.9。

5.17.3　出水总磷过高时的维护方法

(1)碳氮磷比失衡。污水处理中最佳碳氮磷比在100：5：1，一般碳源不足导致比例失衡较为多见，此时应投加碳源以缓解。具体投加量详见式(6-7)。

(2)排泥量过少，导致污泥龄过长。应加大剩余污泥的排放量，减少污泥龄。具体调整方法见6.1.7。

(3)厌氧条件控制不好。此时应检查厌氧池的密封状态，保持溶解氧含量低于0.2mg/L。

5.17.4　出水浊度过高时的维护方法

(1)二沉池污泥上浮导致，解决方法参见表5-8。

(2)污泥膨胀导致，解决方法参见表5-7。

5.17.5　水温过低时的维护方法

(1)曝气池、二沉池等池壁采用发泡保温板保温，外砌砖围护(炉渣、膨胀珍珠岩等填充)结构，池顶加盖等保温措施。

(2)鼓风机一侧设空气预热室，将冬季环境温度 -10 ~ -20℃的冷空气预热到5 ~ 8℃；空气管道设置管廊，便于保温处理等。

(3)适当加热污泥，包括回流污泥。

(4)用热蒸汽给进入曝气池的污水加热。

(5)设备间、加药间实行冬季供暖。

5.17.6　出现极端问题时的维护方法

当系统同时出现多种前述问题时，系统则已经处于崩溃状态。应重新接种污泥，培养后进行工艺运转。

5.18　假期管理

在国家法定节假日时期，如十一、五一等假期，服务区的客流量相比于平时会有较大的增长，随之而来的是污水量的增加，此时水质、水量变化较大。在实际运行中，可根据具体情况及各构筑物的运行情况，提高水量的监测频率并及时调整相关设备，以缓解节假日带来的污水猛增现象。此外，密切观察调节池液位，若超过预警线，则要适量调大进水流量，防止污水溢出。

5.19　大　修

污水处理站在经过6 ~ 7年的运行后，需要对整体设备设施(池体、设备、附属设施)进行一次统一的维修。大修属于专项工程，应依照公司相关规定进行安排。一般委托给第三方进行大修。

大修流程可参考下述内容：

(1)关闭池体进水，所有池体中的设备停止运行，使池中的污泥沉降。

(2)打开各池体的放空阀，将池体中的水放空。小心收集生化池和二沉池中的泥，切勿流失。

(3)连接好消防水带,准备清洗各池体。

(4)对化粪池、调节池的池体内壁清洗、冲刷干净;全面检修池中的提升泵,有故障及时修理。

(5)清洗生化池曝气板上的污泥,检查、维护水下设备并更换损坏的曝气板,对生锈部位进行除锈防腐;对推流器的支架进行改造,对损坏的曝气头进行更换。

(6)清洗二沉池内壁,清理底部淤泥,维修污泥回流泵、剩余污泥泵。

(7)检查 MBR 池每个膜片后面的出水管的附泥情况,更换附泥较多的膜片。对膜片进行反冲洗,对设备进行清洗。

(8)清洗混凝沉淀池池体内壁,清理底部淤泥,清洗斜板。

(9)清理清水池池体内壁,修理清水回用泵。

(10)对各构筑物进行防腐、防渗维护。

(11)全面检查变压器中性点;检查高压配电柜,清理灰尘;检查低压配电柜,清理灰尘;检查现场配电箱,清理灰尘。

(12)检查各在线监测仪器接线紧固程度,拆下仪器探头并冲洗。

(13)大修结束后,清理现场。

(14)打开各设备开关,检查其是否正常运行。

6　操作规程

6.1　工艺参数的调整

6.1.1　*HRT*

HRT 按式(6-1)计算：

$$HRT = \frac{V}{Q} \tag{6-1}$$

式中：*HRT*——水力停留时间，h；

V——构筑物容积，m^3；

Q——进水流量，m^3/h。

由于构筑物容积已定，所以进水流量决定了每个构筑物的水力停留时间。进水流量越小，水力停留时间越长；反之，进水流量越大，则水力停留时间越短。不同构筑物水力停留时间的取值范围见表 6-1。

不同构筑物水力停留时间取值范围　　表 6-1

构筑物	厌氧池	缺氧池	好氧池	二沉池
HRT(h)	1.0 ~ 2.0	2.0 ~ 4.0	8.0 ~ 12.0	1.5 ~ 2.5

当出水水质指标不达标时，可参照设计值进行 *HRT* 的校核。校核水力停留时间时，水量应该算上污泥回流量与内回流量等。若 *HRT* 过小，应缓慢减小污水量，过大则缓慢加大污水量。注意，污水量的增减都应缓慢变动，否则会造成系统的冲击负荷。

通过控制"调节池中提升泵的流量"来增大或减少系统的进水流量，以达到调节系统各工艺单元水力停留时间的目的。

6.1.2　*DO*

好氧池的溶解氧含量 2 ~ 3mg/L 即可满足好氧微生物活动的要求，一般冬季污水充氧能力大于夏季。溶解氧含量超出 3mg/L 意义不大，反而可能造成污泥老化和污泥自身氧化解絮，使出水浑浊。过低的溶解氧含量造成污泥厌氧死亡。

缺氧池的溶解氧含量控制在 0.5mg/L 以下，即可满足反硝化细菌活动要求。

厌氧池中极少有游离态溶解氧，但有化合态氧。可能由于反硝化造成化合态氧释放。溶解氧含量 0.3mg/L 以下是聚磷菌释磷的条件。

当监测发现池体中的溶解氧含量不在标准规定范围内、水量变大、进水有机污染物浓度增高、污泥浓度增加时，需要进行曝气量的调节。方法为：调节机房鼓风机后的调节阀，以达到调控曝气量的目的。调节阀门以后，等待 30min，再次监测溶解氧浓度。若仍然没有达到标准浓度，则再次调节阀门，直到溶解氧含量达到标准范围。

6.1.3　*MLSS* 和 *MLVSS*

MLSS 为活性污泥浓度，*MLVSS* 为挥发性活性污泥浓度，一般 *MLVSS* 占 *MLSS* 的 55% ~75%。*MLVSS* 可以概指污泥中的有机成分。这两个指标显示了曝气池中活性污泥的含量。

MLSS 一般控制在 3000 ~ 4500mg/L。过高的污泥浓度将导致污泥老化，反应池抗冲击负荷能力减弱；而过低的污泥浓度，则造成污泥活性过强，不利于沉降，或反应营养物质不够。

根据日常监测的曝气池出口处的 *MLSS*，确定是否需要对其进行调节。如果 *MLSS* 过大，则调大位于二沉池中回流泵之后的排泥阀门,增大排泥量;如果 *MLSS* 过小,则调小位于二沉池中回流泵之后的排泥阀门,减小排泥量。根据次日测定的 *MLSS* 决定是否要继续进行调节。

6.1.4 *F/M*

F/M 称为污泥有机负荷,也称食微比。按(6-12)式进行计算。

$$F/M = \frac{BOD \cdot Q}{MLSS \cdot V_{曝气}} \tag{6-2}$$

式中:*F/M*——有机负荷,$kgBOD_5/(kgMLSS \cdot d)$;

$V_{曝气}$——曝气池有效容积,m^3;

Q——进水流量,m^3/d;

BOD——生化需氧量,mg/L;

MLSS——污泥浓度,mg/L。

F/M 应在 0.05 ~ 0.15 $kgBOD_5/(kgMLSS \cdot d)$范围内。食微比超出指导范围,往往会造成污泥活性不佳、污染物的去除率降低等问题。

核算的食微比过高,工艺表现为污泥浓度低,絮凝沉降速度缓慢,出水混浊。此时查看近段时间进水BOD_5是否出现波动,处理水量是否变大,排泥量是否偏大。此时减小排泥量,从而升高 *MLSS*,使核算的 *F/M* 符合指导范围;反之亦然。

6.1.5 SV_{30}(30min 污泥沉降比)

稳定工艺的 SV_{30}在 15% ~35% 。SV_{30}过小说明污泥中无机物含量比较多,过高则可能是活性污泥发生污泥膨胀的征兆。

检测 SV_{30}时,要注意以下几点:

(1)在曝气池末端取样;

(2)沉降过程全程观测,由于 30min 沉降过程可近似代表二沉池中的沉降过程,所以一定要观测整个过程,而不单是结果;

(3)重点观测前 5min 的沉降值(自由沉淀阶段)和絮凝性能;

(4)用 1000mL 量筒,不要用 100mL 量筒观测,否则会由于混合液污泥挂壁造成结果偏差。

SV_{30}常见问题及解决方法见表 6-2。

SV_{30}常见问题及解决方法 表 6-2

序号	常见问题	原因分析	解决方法
1	自由沉淀过程缓慢	*MLSS* 过低; *F/M* 较大	核算食微比、污泥龄,控制调整 *MLSS*
2	自由沉淀过程缓慢,有气泡	曝气过度	降低曝气量,将溶解氧含量控制在 2 ~ 3mg/L 的范围内,加快排泥速度,防止污泥老化
3	自由沉淀速度过快	*MLSS* 过高	核算食微比、污泥龄,加大排泥量,调整 *MLSS*
4	自由沉淀速度极其缓慢	丝状菌膨胀	镜检确认,抑制丝状菌生长(见表 5-7)
5	沉淀一段时间后污泥呈块状悬浮	曝气过量; 丝状菌膨胀	降低曝气量。根据 DO 测定仪读数将溶解氧含量控制在 2 ~ 3mg/L 的范围,抑制丝状菌生长
6	最终沉淀细密	*MLSS* 低, *F/M* 偏高	核算食微比、污泥龄,调整 *MLSS*
7	上清液有细小解絮絮体	污泥老化	核算食微比、污泥龄,及时排泥。可将排泥周期缩小,降低污泥龄,直至现象缓解

6.1.6 *SVI*

SVI 为污泥容积指数,按式(6-3)计算。

$$SVI = \frac{SV_{30}}{MLSS} \tag{6-3}$$

式中：SVI——污泥容积指数，mL/g；

SV_{30}——30min 污泥沉降比，mL/L；

$MLSS$——污泥浓度，g/L。

SVI 在传统活性污泥法中取值为 70 ~ 150。SVI 主要反映污泥的松散程度。当 $MLSS$ 很高时，仅用 SV_{30} 判断污泥沉降性是不准确的，必须结合 SVI。对 SVI 的调控主要通过对 $MLSS$ 的调整来实现。

不同数值的 SVI 所表征的问题如表 6-3 所示。

SVI 调控方法　　表 6-3

序号	SVI	原因分析	解决方法
1	>150	F/M 过大，污泥活性过高； 丝状菌膨胀	提高 $MLSS$； 镜检确认，采取抑制丝状菌生长方法（见表 5-7）
2	<50	污泥老化； 活性污泥内无机颗粒较多	加大排泥，降低 $MLSS$

6.1.7 SRT

SRT 即污泥龄，一般控制在 10 ~ 25d。污泥龄按式（6-4）计算。

$$SRT = \frac{V \cdot X_1}{24X_2 \cdot Q} \tag{6-4}$$

式中：V——曝气池容积，m^3；

X_1——曝气池混合悬浮物（MLSS）浓度，mg/L；

X_2——回流活性污泥混合悬浮物（MLSS）浓度，mg/L；

Q——剩余活性污泥排量，m^3/h。

若污泥龄过短，很多微生物来不及繁衍就从系统排出，缺少具有特定功能的优势微生物，不利于有机污染物的降解；若污泥龄过长，则污泥老化，会造成二沉池污泥上浮，出水混浊。

对污泥龄的调整主要依靠排泥完成。具体做法是调整二沉池回流泵后的阀门。加大排泥量可缩短污泥龄，但同时也要根据进水有机物浓度进行分析。当加大排泥速率不及微生物增长速率时，一定程度上污泥龄是不会缩短的。

当进水有机物浓度突然变大的时候，污泥有机负荷变大，此时为了维持有机负荷的稳定，一定要提高 $MLSS$，也就是延长污泥龄，用以应对突增的有机物浓度；反之亦然。

6.1.8 混凝剂投加量

当出水总磷不能达到排放标准时，需要投加混凝剂，采用化学法除磷。本工艺采用的是投加 3g/L 的 PAC（聚合氯化铝），其除磷原理为：

铝离子与正磷酸根离子化合，形成难溶的磷酸铝，如化学反应式（6-5）所示，磷酸铝通过沉淀被去除。

$$Al^{3+} + PO_4^{3-} \rightarrow AlPO_4 \downarrow \tag{6-5}$$

另外，投加铝盐以后，铝离子还会形成氢氧化铝，氢氧化铝不仅具有絮凝性，还能够与 PO_4^{3-} 产生如式（6-6）所示的反应：

$$Al(OH)_3 + PO_4^{3-} \rightarrow AlPO_4 \downarrow + 3OH^- \tag{6-6}$$

投加混凝剂与污水中总磷的摩尔比值宜为 1.5 ~ 3。本工艺投加 3g/L 的 PAC。从理论来讲，去除 1g 磷，需要投加约 2.5g PAC。所以，如果磷超标 1mg/L，每天需要多投加 3g/L 的 PAC 66.7L。

6.1.9 碳源投加量

C/N 为 BOD/TN。当 C/N 比为 4 ~ 6 时，可以保证反硝化的顺利进行；但是当 C/N 小于 4 时，污水中的碳源不能够满足反硝化所需，此时需要外部投加碳源。本工艺外加碳源为葡萄糖，投加量按式（6-7）计算。

$$m_{葡萄糖} = \frac{2.86 \cdot \Delta N \cdot Q}{0.6} \tag{6-7}$$

式中：$m_{葡萄糖}$——所需投加乙酸钠的质量，g/d；

ΔN——硝态氮的脱除量，mg/L；

Q——进水流量，m^3/d。

公式(6-7)中的参数来源：1g 硝态氮反硝化需要 2.86g COD；1g 葡萄糖相当于 0.6g COD。因此可以算出，1g 的硝态氮反硝化需要 4.8g 葡萄糖。通过调节碳源投加系统的计量泵以控制碳源的投加量。

6.2 机械设备

6.2.1 泵

本工艺用到的泵主要有提升泵（调节池）、硝化液回流泵（好氧池）、污泥回流泵（二沉池）、自吸泵（设备间）、中水输送泵、中水回用泵（清水泵）、计量泵。

1）WQ 系列潜污泵操作规程

（1）使用前的检查。

仔细检查泵有无变形或损坏，紧固件是否松动或脱落；检查电缆线有无破损、折断，电缆线的入口密封是否完好，发现有不良处及时处理。

检查电机定子对机壳和相线之间的绝缘电阻值，用 500V 兆欧表测量，一般在环境温度为 5℃时其值应大于 50MΩ，30℃时应大于 10MΩ。

检查油室内是否有油。检查螺塞是否拧紧，确保不漏油。

检查泵是否转动灵活，可在安装之前拨动叶轮。泵入水前点动潜污泵，检查转向是否正确。

（2）试运行。

潜污泵安装完毕后，应马上清理现场，将不必要的物品移出场外。为了防止安装过程中可能对电源电缆、电气仪表、开关、启动设备等造成损坏，应仔细进行相关的检查和检测。如用 500V 兆欧表对电动机电缆的绝缘电阻进行测量。当确认一切正常无误后，方可进行试运转。其具体步骤为：

先将潜污泵出水阀关闭，但不要全关紧，以便潜污泵启动后排出输水管中的空气，否则容易导致上升水柱对空气的压缩，从而产生机组振动。但是，对于低转速比潜污泵，阀门绝对不能全开，以避免电动机启动负荷过大而引起电源线路跳闸或烧坏电动机。

合闸后，潜污泵开始启动。当有水流从水管流出时，将阀门逐渐打开到需要的开度，其流量应在潜污泵额定流量的 0.7～1.2 倍的范围内。

观察仪表指示数值是否符合潜污泵铭牌所标的电压和电流；注意潜污泵的噪声和振动是否正常。如存在任何不正常现象，应立即停机检查，找出原因，处理后方可继续运行。

新的潜污泵第一次试运转，在正常连续运行 4～6h 后应停机测量热态绝缘电阻，电阻值不得小于 0.5MΩ；同时应测量三相电流值是否平衡。任何一相与三相平均值的偏差不得大于 10%。试运转合格后方可投入正常运行。

对于向高处输水的潜污泵，特别是高处设有储水池或几台泵并联运行时，停机前应先将潜污泵出水阀关闭，防止输水管中的水因停机倒流，产生水击或撞坏潜污泵出口的逆止阀。

（3）运行。

经常观测电源的电流和电压值。如果发现电源电压低于 360V，或电流高于电动机额定电流的 20% 以上，应立即停机查明原因，处理后方可继续投入运行。

定期检查电动机对地的热态绝缘电阻（每周 1 次），测量值不得低于 0.5MΩ。

对所有保护装置、电气仪表和起动设备每个月检查 1 次，观察其是否正常可靠。

定期观测水位的变化、水泵出水量的大小、机组的振动和噪声，出现不正常现象即停机检查。

不能频繁起动，否则会引起电动机温升过高，影响使用寿命。

潜污泵长时间停机不用时，应提出水外，并经过检验、清洗，擦干净后，放在干燥通风的室内保管。

(4)警示。

潜污泵必须配置可靠的搭铁设施；

潜污泵运行时，人与其他动物不得进入水池中或触摸泵；

对潜污泵进行移动、修理前，应先切断电源；

潜污泵运行时不得随意拉扯电缆；

严禁将电缆线当起吊绳使用或撞击、乱拉电缆；

潜污泵不能在易燃、易爆的介质中使用，也不可输送可燃性液体。

2)自吸泵的操作规程

(1)安装。

自吸泵安装前应检查机组紧固件有无松动、泵体流道有无异物卡堵，以免自吸泵运行时损坏叶轮及泵体。

检查基础是否平整，安装隔振垫或隔振器，并拧紧地脚螺栓(钢板折叠底座必须水泥灌注)，以免启动时的振动对泵的各部件及其功能产生影响。

自吸泵的进、出口连接端分别安装挠性橡胶软接头。与泵连接的进、出管路要做好支撑，进水管路要做好下部固定。自吸泵不能承受任何管路压力，以免损坏。

自吸泵出口应有一段垂直向上 1m 的管路，确保泵在自吸时有回流水。

自吸泵不属于全扬程泵，应在出口管路上安装压力表、自动排气阀、流量调节阀，确保泵在额定扬程和流量范围内运行，延长自吸泵的使用寿命。

吸入管路中的凸缘或阀门绝对不能有漏气，否则无法自吸。

安装后先拨动泵的叶轮轴，不应出现，摩擦声或卡滞现象，否则应拆泵检查原因。还应检查自吸泵与电机连接的同心度。

(2)使用前的检查。

本系列自吸泵，采用优质 3 号锂基脂润滑脂进行润滑(新泵不需加注润滑脂)。

检查泵体内的储液是否高于叶轮上边缘。如若不足，可以从泵体上的加液球阀(丝堵)处直接向泵体内加注储液。严禁在储液不足的情况下起动运转，否则自吸泵不能正常工作，且易损坏机械密封装置。

检查自吸泵的转动部件是否有卡滞、磕碰现象。

检查自吸泵体地脚及各连接处螺栓、螺母有无松动现象。

检查自吸泵轴与电动机主轴的同轴度和平行度。

检查进口管路是否漏气。如有漏气，必须设法排除。

打开吸入管路的阀门，稍开启出口调节阀(不要全开)。

(3)运行。

启动自吸泵，注意泵轴的转向是否正确。从电动机端看，应为顺时针转向(严禁反转)。

注意运转时有无不正常的声响和振动。

注意压力表及真空表的读数。启动后压力表及真空表的读数经过一段时间的波动而趋于稳定，说明自吸泵内已经上液，进入正常输液作业。

在自吸泵进入正常输液作业前，应特别注意泵腔内水温升高情况，如果这个过程过长，泵内水温过高，则应立即停止运行，检查原因。

如果自吸泵腔内液体温度过高而引起自吸困难，那么可以暂时停机，利用流出管路中的液体倒流回泵体内，或通过泵体上的加液球阀(螺塞)处直接向泵体内补充液体，使泵体内液体降温，然后重新启动。

自吸泵在工作过程中如产生强烈振动和噪声，可能是泵发生汽蚀所致。产生汽蚀的原因有两种：一是进口管流速过大；二是吸程过高。流速过大时可调节出口流量调节阀，升高出口压力表读数；吸程太高时可适当降低自吸泵的安装高度。当进口管路有堵塞时,应及时排除。

自吸泵在工作过程中因故停机,需再启动时,出口流量调节阀应调至微开(不要全闭),这样既有利于自吸过程中气体从出口排出,又能保证自吸泵在较轻负荷下启动。

注意检查管路系统有无渗漏现象。

(4)停泵。

首先必须关小出水管路上的阀门,然后使泵停止转动。

在寒冬季节,应将泵体内的储液和轴承冷却室内的水放空,以防冻裂机件。

(5)拆装。

拆下电动机或脱出联轴器。

拆出轴承体总成(转子总成),检查叶轮和泵体内环的径向间隙,检查叶轮螺母有无松动。

拆下叶轮螺母,拉出叶轮。拉出机械密封的滑动环部分,检查动、静环端面的贴合情况,检查O形橡胶密封圈(或缓冲垫)的密封情况。

拉出联轴器。

拆下轴承压盖,拆出泵轴和轴承。

安装时以相反顺序进行装配即可。

6.2.2 鼓风机

鼓风机主要用于好氧池和MBR池的供气;视污水处理站的大小分别使用鼓风机或共用鼓风机,均为一备一用。

1)安装

搬运鼓风机时要注意安全,避免鼓风机受到碰撞和冲击。不能把鼓风机立起来搬运,以防止润滑油从油箱内倒出来。

风机房应留有通风口并安装换气扇,通风口要设在上下两处,以便于空气对流,防止机房内温度过高影响鼓风机正常运行。

机房内壁四周最好有消声材料以降低噪声。

鼓风机应水平安装。

配气管径不应小于鼓风机排风口径,同时应注意管内清洁。送气管应安装在水面以上,以防止管内进水造成起动时压力过大。

接管时注意不要拧倒止回阀(止回阀突起部分应朝上)。

正确接配电线并注意电机转向与鼓风机旋转方向标记一致。

采用两台鼓风机交替运行时,应避免在短时间内频繁交替运行鼓风机,1台鼓风机的连续运行时间不低于24h。

2)试运转

检查油箱内的机油量是否达到标准范围(油标尺上有刻线标记)。

起动鼓风机前拿下进气口滤清器,往主机内倒入30mL左右机油,使机油均匀分布于主机内部(用手转几圈)。

检查V形传动带的松紧度是否合适,如太松请调整。

调整安全阀开启压力。安全阀的开启压力0.33kgf/cm^2,是工作压力(0.3kgf/m^2)的1.1倍。调试时手动调节排气阀,使输出压力升至安全阀开启压力,调整安全阀,使之恰好开启。

调整泄压阀开启压力。泄压阀开启压力为工作压力。调试时,手动调整排气阀,使输出压力升至工作压力,调整泄压阀,使之恰好开启。

接通电源;起动鼓风机。必须注意下列事项:

(1)鼓风机的转向是否与转向标记指示方向一致,如不一致要立刻停机调整电动机接线。

(2)观察压力表有无压力指示(污水处理槽内必须装满水后才能运行鼓风机,否则鼓风机排气口无压力,鼓风机没有润滑)。

(3)观察滴油嘴有无机油滴出(12～15 滴/min)，并观察透明回油管内是否有机油流动。

(4)检查电机及鼓风机各部运转是否正常，温度是否正常，是否有异常声音。

3)拆解

拆解的操作方法如下：

(1)将皮带罩和皮带卸下；

(2)将印有 UNITE 标记一侧的端盖上的固定螺栓松开；

(3)用螺栓拧入端盖上的两个螺纹孔，将端盖卸下；

(4)将 V 形传动带轮从轴上卸下；

(5)将 V 形传动带轮一侧端盖的固定螺栓松开，取下端盖。

注意：拆解主机时不能碰伤零件，拆下的零件要小心排放好。

4)修理

分解主机后，用细砂纸或油石将转子、气缸体、端盖、叶片、环等零件有研伤或生锈的地方打磨好。用清洗油或汽油认真清洗(注意不要碰伤零件)，擦干后重新组装。初期的烧损、混入杂物和液体等故障，可用上述方法修理。轴承、油封等损坏时，需要更换。另外一定要更换 O 形圈。

5)组装

(1)将有轴孔的端盖放在组装台上；

(2)将转子轴的传动带轮一侧朝下放在端盖上；

(3)将弹簧顶销装入转子轴中；

(4)将叶片装入转子槽中；

(5)放上气缸体(注意出风口的位置在转子靠气缸体内孔的一侧)；

(6)装上轴承；

(7)装上 O 形圈；

(8)装上另一端盖并固定螺栓；

(9)把气缸体翻转后装上传动带轮这一侧的端盖；

(10)装上轴承和 O 形圈；

(11)在端盖上装上油封；

(12)装上端盖，安装定位销，拧紧全部螺栓；

(13)立起主机，安装另一侧端盖的定位销，拧紧全部螺栓；

(14)在进风口倒入少量润滑油，将传动带轮固定于旋转轴上，用手转动传动带轮的同时，用木槌或橡皮锤轻轻敲打端盖加强筋部位，使转子能灵活转动。

6.2.3　潜水搅拌机

潜水搅拌机放置于厌氧池和缺氧池中，用于对混合液进行搅拌，推进混合液的流动。

1)安装

潜水搅拌机安装前，应先行找出起吊重心，安装时应保证起吊架的重心与被起吊的潜水搅拌机的重心在一条垂直线上，使潜水搅拌机在上下提升时能够平稳自如地移动。

潜水搅拌机在使用中不得转动角度，应在安装时调整好角度后再使用；将潜水搅拌机放置在下限位板上，并使钢丝绳轻微受力。

伸展电缆时应避免过分弯曲或紧缩。

电缆末端切勿浸入液面下。因为水可能通过电缆渗入接线盒或电动机，所以电缆头部必须在液面上。

如果潜水搅拌机在无导流罩情况下运转，导杆上必须有限位功能，以免叶轮在转动时撞击墙壁。

最后，将搅拌机的电缆及缆索固定于池边。电缆不得与任何水下构筑物摩擦。

潜水搅拌机电气部分要求：

潜水搅拌机在运行前，应用 500V 兆欧表检查电机定子绕组对地绝缘电阻，最低电阻值不得低于 50MΩ。

电源电压一定要在铭牌上标出的额定电压 ±5% 的范围内，电源电压升高值不允许超过额定电压的 10%。当电源离潜水搅拌机使用的地方较远时，电缆的截面积应适当加大。

电缆线接头应尽可能少些，否则会使电压下降得太多。接头处应密封防水。

电缆中，带有⊥者为地线，一般为黄绿线，为保证安全，必须将地线接牢并使其比其他线长出 50mm。并做到：确保搅拌器正确搭铁。

电动机电缆可使用 YC 或 YCW 电动机电缆。

将热敏开关连至启动器。热敏开关与定子相连，它们通常是闭合的。

泄漏保护线应正确接入控制电路；油室泄漏保护器可检测油室中是否有水，若油中含有 30% 的水，则会发出报警信号。建议在发出报警信号 7d 内换油。如果换油后仍然发出警报，则要与售后人员联系。

为避免搅拌机内进水，须检查电缆入口密封套筒及垫圈与电缆外径是否相符，电缆外皮有无破损。

注意启动电流可能超过额定电流的 3 ~5 倍，应确保熔断丝或断路器具有合适的过载电流值。

产品样本中给出了额定电流和启动电流，必须根据有关技术标准和规程选择熔断丝电流强度及电缆型号。

过载保护(电动机保护断路器)电流值应设定为铭牌上给出的电动机额定电流值的 1.1 倍。

检查叶轮转动方向。叶轮应按逆时针(面对叶轮看过去)相位系列 L1-L2-L3(R-S-T)正确旋转。若旋转方向不对，将两条相线交换。

2)使用前检查

检查润滑油位是否达到轴线以上。

检查叶轮是否可以用手转动。

检查电缆入口是否被稳妥封紧。

如有监控装置，检查其工作性能。

检查叶轮旋转方向。面对叶轮看过去，叶轮应逆时针旋转，严禁反向旋转。

3)试运行

试运行开始时，设备应被固定在导杆上。

潜水搅拌机运转时，要小心旋转中的叶轮。

在试运行潜水搅拌机启动过程中，应注意启动时的电流冲击。启动时几秒内，电流高于工作时电流的 10% ~20% 为正常现象。稳态下的电流应比额定电流低。

电流消耗过大可能是液体黏性强或浓度高造成的，也可能是潜水搅拌机调试不当造成的。

检查潜水搅拌机是否摇摆振动。在小容量池子中搅拌过于猛烈、叶轮不平衡或潜入过浅时叶轮卷起的空气引起液体的流入与流出不协调都可能造成摇摆与振动。如果几台潜水搅拌机相互干扰，也会造成摇摆与振动。

4)连续运行

连续运行时要保证潜水搅拌机完全在水下运行。

潜水搅拌机仍在使用或浸在水中，当水温在 30℃ 以下时，可以继续使用；当水温超过 40℃ 时，严禁使用潜水搅拌机。

潜水搅拌机使用润滑脂或润滑油进行润滑。由于密封磨损，润滑脂或润滑油会漏出，此时应与售后人员联系。

5)故障检查

如果搅拌机运行中发生故障，不能确定故障原因时，千万不可随意采用临时的处理方法，也不要私自乱拆，应迅速与售后人员联系。

为了检查电器设备的故障，需要 1 只万用表、1 只钳形电流表和搅拌机接线图。润滑油室可能受压，应用一块布遮住油塞以免油溅出来。

除没有电压就不能检查的情况之外，其余故障检查均应在断电和没有接通电源的情况下进行。当电源接通后，必须保证无人靠近潜水搅拌机。

电器操作应由合格的电工完成。操作时应遵守当地有关安全规则,做好安全预防措施。

6.2.4 MBR 膜组件

1)试运行前的检查

确认膜组件已平稳安装在膜池内并定位,要求尽量垂直。

确认曝气管道、出水管道连接正确。

运行前确认曝气清洗管道阀门处于关闭状态。

向膜池内注入清水之前,请将膜池内部清扫干净,特别注意必须将硬物以及尖锐物体清除干净。若池内沙粒或小颗粒固体较多,则有造成膜堵塞或破损的可能性,因此应清除此类固体。

清水可参照自来水为标准,也可采用河水。当注入的清水中含有大量铁、钙、镁、硅等离子及大量盐类成分时,有可能造成膜的堵塞,应予以注意。

2)试运行

关闭空气清洗管道阀门,启动鼓风机,检查曝气管道的连接处密闭性是否完好;

对膜组件进行曝气时应确认对各组件供应的空气量是否均匀;

关闭加药口阀门,起动抽吸泵,测定清水状态下透过水量、膜压差及水温参数;

在清水中运行时间过长也可能造成膜的堵塞,因此试运行结束后应尽快关闭抽吸泵及鼓风机,不要长时间做没有实际作用的运行;

运行结束后应将膜浸放于水中,因为干燥会降低膜的性能,导致膜通量下降。

3)运行

驯化污泥一般用常规生活污水或粪便废水作为培养水源,驯化污泥时调节 COD 为 500 ~800mg/L,BOD 为 350 ~500mg/L,水温不低于 20℃,溶解氧含量控制在 3 ~4mg/L。驯化前采取闷曝 1 ~6d(视污泥状态而定),并在显微镜下检查微生物生长状况;或者依据长期实践经验,观察微生物生长状况;也可用检查进出水 COD 值来判断生化作用的效果。然后采用间歇曝气方式运行,经 2 ~3d 后要进行换水,停止曝气进行静态操作,沉降 1 ~2h,把上层清液排出。由于需要上清液排出,因此需要在膜池设置中位放空管放空,然后再补充废水。经反复曝气—沉淀—排水—进水,大约 20 ~30d 活性污泥就可培养成功。当后期显示出污泥絮体和净化能力时,可缩短换水的周期,以便加速活性污泥的生成。

在恒流量运行条件下,膜组件必须控制在临界过滤通量(膜组件设计通量)以下抽吸运行,方能实现长期稳定的工作状态。SINAP 浸没式平板膜元件的标准过滤通量为 400 ~600L/(m^2 · d)。

4)在线化学清洗

在线药液化学清洗方法如图 6-1 所示。清洗流程如下:

关闭出水管阀门③,开启阀门①及阀门②,将清洗液从高位水箱由漏斗注入抽吸管道至膜元件;

注入清洗液,注满后关闭阀门②,碱洗液浸泡 2 ~5h 即可(酸洗液浸泡 1h);

浸泡完毕后关闭阀门①,重新开启阀门③,开启设备正常出水,膜元件内清洗后的清洗液可返送入调节池。

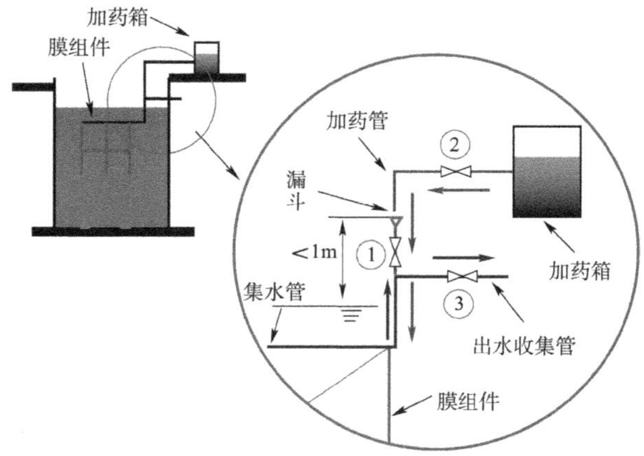

图 6-1 池内在线药液化学清洗方法

5)物理清洗

当在线化学清洗无法解决问题时,需要将膜元件从膜组件中取出,用棉质抹布擦拭或低压水枪冲洗膜表面,一般这种情况比较少见。

取出膜组件时,由于膜组件浸水以后会变得非常重,需要使用吊车将其吊出。

6)离线清洗

在设备大修期间,膜元件经过上节的物理清洗后,再置于专用容器内,向容器内加入清洗药剂(药剂浓度低于在线化学清洗药剂的浓度)。浸泡5h以上,可使膜元件的过滤能力得到最有效的恢复。

7)更换膜组件

当膜的破损量大于10%时,需要将破损的膜片取出更换新的膜片。取出膜片时,首先将膜池水位降低,用吊车将膜片吊出,然后安装新的膜片。具体安装流程如下:

(1)拆下所要更换的膜元件出水口上的软管(集水管一侧软管无须拔下);

(2)将压板螺栓上的螺母拧开,使压板与橡胶压条分离;

(3)取下压板和橡胶压条;

(4)抽出膜元件(若无法用手抽出,则用小挂钩勾住膜元件上面的小孔,将膜元件抽出);

(5)将新膜元件插入膜箱,插入时须缓慢小心,不要硬插强压;

(6)确认膜元件更换完毕后分别装上橡胶压条以及压板,将螺丝拧紧。

更换后将集水管与膜元件连接用软管重新插好,更换时要注意以下几点:

(1)严禁踩踏碰撞膜元件的出水口部位;

(2)严禁用手、脚或者工具钩拉连接用橡胶软管;

(3)必须使用指定的专用软管;

(4)应该顺着出水口方向拉软管,绝对不允许斜拉或横拉;

(5)膜元件插入膜组件时,中途绝对不能脱手或落下;

(6)应在膜元件全部更换完毕后起动膜组件,严禁漏插膜元件开始运行;

(7)更换膜元件时要小心,切勿使膜表面碰到尖角或硬物等;

(8)安装完毕后,仔细检查软管以确保已经插至插口根部;

(9)安装膜元件时应使用安全护具,以免发生危险。

6.2.5 加药设备

加药设备有:混凝加药装置,次氯酸钠药洗装置,碳源投加装置、加药消毒装置。每种装置各1台计量泵。

1)使用前的准备

打开进出口阀门,让液体流入泵内;

检查泵体及管道是否完好;

检查流量值是否设置在规定范围内;

合上电源,查看电源指示。

2)启动

按启动按钮。启动后检查有无异响、管道有无泄漏、流量是否符合规定值。

3)停机

按停止按钮。关闭进出口阀,必要时泄空管路中的液体。

4)注意事项:

(1)在安装、运行和维护泵时,必须采取必要的安全措施;

(2)操作人员必须熟悉该设备,经培训后方可操作;

(3)对计量泵进行维护之前,应停止运行,释放系统压力,关闭计量泵与系统相连的进出口阀。检修期间在电源处挂警示牌;

(4)运行中发现任何故障(如温度升高、噪声异常、隔膜破裂等)应立即停机切断电源；
(5)环境温度低于 -10℃时应停止运行；
(6)严禁泵反向运行及空转；
(7)药液不慎溅到皮肤时，应立即使用流动的清水冲洗。

6.3 电气设备

6.3.1 安全用电规定

(1)各岗位人员负责管理本工作区域内的电器开关，其他人员不得擅自操作。
(2)下班前应对所有电器开关状况检查一遍，不使用的电器一律关闭。
(3)配电柜、电气控制柜、电控箱由专职电工负责，定期进行安检。
(4)非电工人员不得从配电柜、电气柜中接拉电源线。
(5)电工进行断闸检修时，应在开关处放置检修工作牌。
(6)在设备工作期间若连续跳闸 2 次，在没查明原因前不准再次强行合闸，应将情况报维修人员。
(7)电工要定期检查各类电气设备的绝缘状态。
(8)配电装置在运行中发生异常情况不能排除时，应立即停止运行，进行维修。
(9)隔离开关接触部分过热，应断开断路器，切断电源。不允许断电时，则应降低负荷并加强监视。
(10)风机等设备的开、关必须现场操作，设备启动后观察至其稳定运行。

6.3.2 配电柜操作规程

1)停电操作
断开各分支空气断路器；
断开电源空气断路器；
拉开电源侧刀闸。
2)送电操作
检查设备有无遗漏工作，有无工辅具及材辅料遗留在设备上，并确保设备开关处在断开位置；
合上电源侧刀闸；
合上各分支空气断路器。

6.3.3 PLC(可编程逻辑控制器)操作规程

运行前确保连接的设备无异常。
依次接通主回路电源、各支路电源、控制回路电源。
远方控制室发出投运指令后，接通远程控制主令开关，备妥指示灯灭，远程信号绿色指示灯亮。
PLC 接到远程信号后，PLC 遵循已经设计好的程序自动投入或切除格栅、水泵、风机等。
当某电动机出现故障时，电动机的电源会被自动切断，对应保护报警蜂鸣器会鸣笛报警，直至操作人员断开控制回路电源或主回路电源。

6.4 远程控制

污水处理自动化监控系统主要对污水处理站内部整个污水处理工艺流程进行监控，对调节池、厌氧池、缺氧池、好氧池、二沉池、混凝沉淀池、MBR 池、回流系统、加药系统、消毒系统以及总变配电室等设备进行分散控制，集中管理。

远程控制分为多种权限，如操作人员权限、工艺工程师权限、电气工程师权限等，每种权限都有不同的编辑权。具体见远程控制操作说明。

6.5 手持仪表

处理站配备的便携式多参数水质分析仪,可通过连接不同探头进行pH、溶解氧、总溶解性固体的测定。

使用方法:

将探头接头与分析仪后部接口连接,按下电源键,水质分析仪开机。

系统自动读数,数字稳定后即为测定值。

按下电源键,分析仪关机。卸下探头。

清洗擦干DO探头后,将其放入保护套,探头保护套内应保持湿润。

洗净擦干pH探头后,应将其浸没在饱和氯化钾溶液中。

洗净擦干TDS探头后,将其存放在指定位置。

6.6 取样方法

1)取样点

日常取样只取格栅进水口处水样和清水池出水口处水样,作为每日的进出水水样。

当处理效果不好时,需要取每个池子的进出水口处的水样。

取样点要选在水下1m处。

2)取样频率

每天早上9点取样,频率1次;当水质变差时,应根据具体情况提高取样频率,实时测样,以检测水质变化情况,解决问题。

3)取样器具

取样器具为1L有机玻璃水样采集器。

4)样量

单个监测项目的采样体积应在50~500mL之间。供一般物理性质、化学性质分析用水样取2L即可。

5)取样方法

污水处理站采集水样的基本要求是所取的水样应具有代表性。在取样时要注意定时间、定地点、定数量、定方法,同时应做好记录。

6)注意事项

取样时要根据取样计划小心采集水样,并使水样在进行分析以前不变质和不受到污染。

7)保存方法

冷藏或冷冻能有效抑制微生物的活动,减缓物理作用和化学反应速度。将水样保存在一定条件下,会显著提高水样中磷、氮、硅化合物以及生化需氧量等监测项目的稳定性,并且不影响后续分析测定。COD、TN、TP、氨氮指标一般现取现测,如需要送样应在当日取样后送至检测部门。如果不能当天检测,可将水样放入冰箱中的4℃冷藏室保存。

加入保存药剂。在水样中加入合适的保存试剂,能够抑制微生物活动,减缓氧化还原反应发生。药剂可以在采样后立即加入,也可在水样分样时,根据需要分瓶时分别加入。

过滤和离心分离。水样浑浊会影响分析结果,用适当孔径的滤器可以有效地除去藻类和细菌,使滤后的样品稳定性提高。一般而言,可用澄清、离心、过滤等措施分离水样中的悬浮物。

8)保存条件

不同水样允许的存放时间有所不同,与水样的性质、分析指标、溶液的酸度、保存容器和存放温度等多种因素有关。一般认为,水样的最大存放时间分别为:清洁水样72h,轻污染水样48h,重污染水样12h。

6.7 在线监控系统

在线监控系统可实现多个污水处理站的实时数据采集，并完成实时数据的汇总、分类、存储以及统计分析。能够实现数据与关系数据库的无缝转储，可为运营管理部门提供准确完整的真实数据支撑。调度中心工作人员可以通过大屏幕随时了解现场工艺流程、设备运行状况、数据报表和趋势曲线，同时可结合视频系统及时了解故障及报警信息。信息化平台具备远程设备管理功能，可对远程设备运行进行监控，及时发现、排除故障，远程更新设备配置，共享、传输资料，安装部署应用软件等。

在线监控系统能够提供直观明了的显示界面，实现生产工艺图形化的实时监视、各种能耗实时显示。同时，系统对污水处理最为关注的节能降耗问题进行针对性设计，采用多种科学手段进行最优化控制。如：进行泵站机组联编控制、优化调度，有效降低能耗，延长机组使用寿命；自动分析水质数据情况，计算合适的用药比例，节约用药成本；稳定控制曝气池溶解氧含量，降低曝气系统能耗等；完成多个污水处理站的数据统计、分析、处理，对各污水处理站进行设备管理、工艺分析、成本分析、绩效管理。

具体操作流程：打开电脑终端软件，输入用户名和密码，即可在线观察了解各个污水处理站的实时情况，远程调控相关设备。

6.8 有限空间安全作业

按照先检测、后作业的原则，凡是要进入有限空间危险作业场所作业，必须根据实际情况事先测定作业场所中的氧气、有害气体、可燃性气体、粉尘的浓度，符合安全要求后，方可进入。在未准确测定氧气、有害气体、可燃性气体、粉尘的浓度前，严禁进入该作业场所。

必须确保有限空间危险作业现场的空气质量。氧气含量应在 18% 以上、23.5% 以下。其有害有毒气体、可燃气体、粉尘容许浓度必须符合国家相关安全标准的要求。

在有限空间危险作业进行过程中，应加强通风换气。在氧气、有害气体、可燃性气体及粉尘的浓度可能发生变化的危险作业中，应保持必要的测定频率或连续检测。

作业时操作一切电气设备，必须符合有关用电安全技术操作规程。照明应使用安全矿灯或 36V 以下的安全灯。使用超过安全电压的手持电动工具，必须按规定配备漏电保护器。

作业场所可能存在有害气体、可燃气体时，检测人员应同时使用有害气体检测仪、可燃气体测试仪等设备进行检测。

检测人员应佩戴隔离式呼吸器，严禁使用氧气呼吸器。

有可燃气体或可燃性粉尘存在的作业现场，所有的检测仪器、电动工具、照明灯具等，必须为符合《爆炸和火灾危险环境电力装置设计规范》要求的防爆型产品。

对由于防爆、防氧化要求而不能采用通风换气措施，或受作业环境限制不易充分通风换气的场所，作业人员必须配备并使用空气呼吸器或软管面具等隔离式呼吸保护器具。

作业人员进入有限空间危险作业场所作业前和离开时，应准确清点人数。

进入有限空间危险作业场所作业，作业人员与监护人员应事先确定明确的联络信号。

如果作业场所的缺氧环境可能影响附近作业场所人员的安全时，应及时通知附近作业场所的有关人员。

严禁无关人员进入有限空间危险作业场所，并应在醒目处设置警示标志。

在有限空间危险作业场所，必须配备抢救器具，如呼吸器具、梯子、绳缆以及其他必要的器具和设备，以便在危险情况下抢救作业人员。

在密闭容器内使用二氧化碳或氦气进行焊接作业时，必须在作业过程中通风换气，确保空气符合安全要求。

当作业人员在与输送管道连接的密闭设备（如油罐、反应塔、储罐、锅炉等）内部作业时必须严密关闭输入阀门,装好盲板,并在醒目处设立禁止启动的标志。

当作业人员在密闭设备内作业时,出入口的门或盖应处于开启状态,当设备与正在抽气或已经处于负压的管路相通时,严禁关闭出入口的门或盖。

在地下进行压气作业时,应防止缺氧空气泄至作业场所,如与作业场所相通的设施中存在缺氧空气,应直接排除,防止缺氧空气进入作业场所。

7 管 理

污水处理站的运营维护部门隶属于北京市高速公路交通工程有限公司，污水处理站在基本制度、综合管理、人力资源、财务管理、安全管理、制度管理等方面应遵循北京市高速公路交通工程有限公司制度汇编中的规定，特别是在组织框架及责任制、安全方面。本制度以污水处理站的管理为主要管理对象，从日常生产、维护及管理方面进行阐述。

7.1 组织管理

7.1.1 人员组织管理

在污水处理站的管理中，一般分为3个层次：管理层、生产层和生产辅助层。设置运营主管、工艺工程师、设备保障工程师及运营人员等，生产辅助主要为人力资源、行政及财务等方面。图7-1为污水处理站组织框架图（不含生产辅助层）。

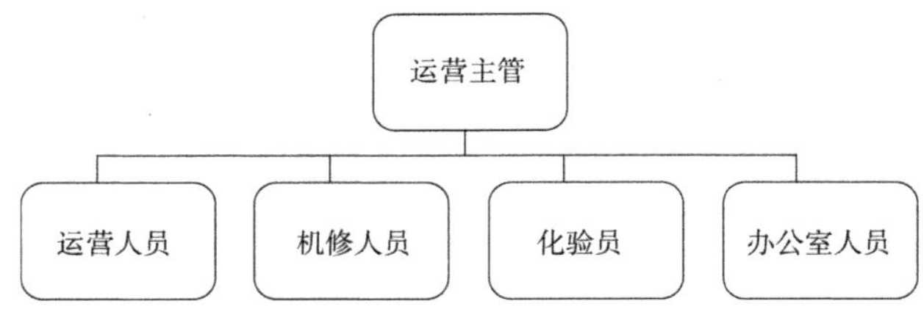

图7-1 污水处理站组织框架图

7.1.2 岗位职责

1）运营主管

负责质量、环境、安全体系的有效实施。

负责污水处理站的设备管理。落实好材料、设备、物资的采购、保管、使用。落实好污水处理站各项管理制度，及时组织力量维修设备，保证生产需要。

负责工艺管理。对全厂生产工艺调整进行确认及监督执行，提高污水处理达标率。

负责设备的技术更新和设备的备用配件管理。

负责公司的安全工作。定期组织安全教育，搞好安全检查，认真执行国家有关政策规定，坚持安全生产、文明生产。负责对生产运行中突发事件的预防和应急管理工作。

负责制订污水处理站相关人员的培训计划，定期组织业务考核，提高业务技术素质，并负责相关人员内部上岗证的审核。

2）运营人员

负责日常对污水处理站工艺运行情况的巡视；对设备间及机电设备、电控系统运行情况进行巡视。

负责日常巡检记录及运行记录的登记工作，执行污水处理站日常巡查制度及汇报制度，配合化验人员按要求采集水样。

按照工艺人员的要求，配制污水处理药剂，协助工艺人员进行药剂浓度的调整和加药位置的调整工作，并做好药剂使用量的登记工作。

听从运营主管和工艺工程师的领导，根据工艺要求及有关指令，按照操作规程操作各污水处理站设备，以保证工艺正常运行。

负责接受污水处理站对运营人员的上岗培训，并积极取得内部上岗证。

3)机电维修人员

负责按照机电设备的操作规程对污水处理站机械设备、电气设备的日常维护和维修工作;定期对其进行隐患排查,及时采取防范和整改措施,并做好相关记录。

负责根据污水处理站的使用情况及技术情况,确定检修和维修周期,制定设备检修工作程序,选择设备修理方式,负责编制设备的年度、季度、月度检修计划及预防性试验计划,并组织实施。

负责收集、整理设备机械备件基础资料,编制各类备件表卡,制订外购计划和自制备件计划,确定备件储备原则、方式、品种、定额。

搜集、整理、统计、分析设备故障信息,掌握故障规律和设备技术状况,提高设备完好率。

机电维修人员须持有电工证,并定期接受培训。取得内部上岗许可后,方可进行维修工作。

4)化验人员

熟悉污水水质常规指标和测试方法、原理,熟悉实验室常规测试仪器的操作规程。

熟悉水样的取样流程及测试流程,掌握各项指标的化验方法,执行化验室规定,并能够准确高效地完成实验分析。

负责日常送样的登记和水质化验工作,及时完成水样的测试,并登记水质数据和汇总月报表(表7-1),发现数据异常及时向运营人员核实,并上报主管领导。

月 报 表 表7-1

污水处理站月报表

项目名称			
项目编号		上报期号	
填报人		上报日期	
联系电话			
一、运营基本情况			
本月处理水量(m^3)		负荷率(%)	
最高日处理量(m^3/d)		污水处理站设计规模(m^3/d)	
本月用电量(kW·h)		本月直接成本(元/m^3)	
再生水利用量(m^3)			
二、正常运行情况			
正常运行天数		达标排放天数	
不达标原因			
超标项目			
三、污泥处置情况			
污泥外运量			
四、水质处理情况			
COD_{Cr}(mg/L)		BOD_5(mg/L)	
进水	出水	进水	出水
NH_4-N(mg/L)		SS(mg/L)	
进水	出水	进水	出水
TN(mg/L)		TP(mg/L)	
进水	出水	进水	出水
备注			

负责实验室的卫生和清洁管理，尤其对实验器皿要做彻底清洗。

负责实验室的药品、设备、物资的保管和使用，填写相关记录表。

负责污水处理药剂浓度的跟踪，并对每一批药剂进行抽检，保证污水处理药剂的质量符合生产要求。

负责实验室废液的收集，按照相关规定妥善处理废液。

定期接受相关的技术培训，且上岗前须取得内部上岗证。

5）办公室人员职责

根据公司年度总进度计划，负责各类计划编制，统计各类成本费用、合同管理和支付控制。

负责仓库及污水处理站固定资产的管理。对库存物资的数量、型号、批号、标识应记录清楚，摆放有序，做到账、物、卡相符，避免损坏、丢失。

定期对污水处理药剂、设备进行检查、核对，并建立台账；加强物资和器材的管理，认真核查出库领料单、进货入库单，做到账、物相符。

负责监督污水处理站药剂仓库的卫生检查工作，并督促运营人员进行卫生清洁。

协助运营主管制订安全知识培训的工作计划，并对污水处理站内的仓库及药剂做好防火、防盗工作，确保仓库物资完好。

协助运营主管对污水处理站的日常资料及档案资料进行汇总，并做好档案管理和保密工作。

组织并参与制订本企业设备管理工作的方针、目标、规章制度、技术标准、定额及设备操作、维护规程，并组织贯彻实施。

7.2　生产运行管理

7.2.1　主体构筑物管理

在运营主管的领导下，以运营人员和机修人员为主，对主体构筑物进行检查、维护、修理。

定期对构筑物池体进行检查，定期对池体进行清掏。清掏时应选用专业的清掏外运公司；每隔 3 ~ 5 年对池体内壁进行防水、防腐维护。主要涉及池体包括化粪池、隔油池、调节池等。

池体清掏时，应按照相应的安全操作规程进行清掏，避免因擅自清掏导致缺氧、造成人员伤亡。

在检查和清掏池体后，应及时将盖板盖牢，避免发生危险。

相关人员应做好相关运行、检查、维护、修理原始记录。

7.2.2　机电设备管理

在运营主管的领导下，以运营和机修人员为主，对污水处理站的机械设备、电气设备进行检查、维护、修理。

日常对机械设备和电气设备进行巡检并做好记录；定期对机电设备和电气设备进行维护；设备出现问题或异常情况进行维修；每年对设备进行大修；每 5 年对设备进行更换。

在设备使用、维护、修理中，使用专业检测、维护、修理工具，遵循相关的操作规程；维护和修理中涉及有限空间作业时，应遵循相关的审批和作业流程。

相关人员应做好运行原始记录、维修记录。

7.2.3　设备间管理制度

在运营主管的领导下，以运营人员和机修人员为主，对设备间进行检查、维护、修理。

设备间分为地上设备间和地下设备间，地上设备间放置加药设备、电控柜、空调、暖气等，地下设备间放置鼓风机。

运营人员应每周对设备间进行清扫，保持设备间的干净整洁；每天检查电控设备是否有漏电情况，如有漏电，及时联系机修人员进行修理；定期对设备间内的电路、给水管道进行维护，避免漏电、跑水。

运营人员不得擅自开、停鼓风机，需要开停机时，要与主管及机修人员联系，得到同意后方可操作。

运营人员应每天对鼓风机进行巡检,确保鼓风机正常运行。

设备间内有电控设备,运营人员应每天对电控柜进行观察,设备出现故障或运行异常时,应及时联系机修人员,并上报运营主管;维修时必须按照操作规程进行。

外来人员不得擅自进入设备间,运营人员亦无权擅自带领非上级安排的来访人员进入设备间。

运营人员应按照规定和操作规程以及上级指令对加药等设备添加药剂和投加药量,不得擅自进行操作。运营人员在设备间内的操作必须在运行记录上登记。

设备间内设备出现异常情况或非正常操作时,运营人员须向上级领导汇报,并联系维修人员,按照操作规程进行维修。

7.2.4 污泥处置管理

在运营主管的领导下,以运营人员为主,对污泥系统设备进行检查、维护、修理。

污泥池中的污泥由专业的污泥处理机构外运处置。清理污泥池时应遵循有限空间安全作业要求。

7.2.5 中水回用管理

清水池中设置有中水回用泵,泵连接回用管道。当绿化需要用水时,按操作规程开启回用泵。

当中水超出回用量时,可用于场外绿化浇灌、道路冲洗。外部车辆进入厂区装水时,应注意装水后地面卫生。

当污水处理站出水禁止外排时,采用污水外运的方式对出水进行处理。

运营人员应对中水回用泵的开启和绿化用水做好相应的记录,对中水外运量做好相关的记录、统计。

7.2.6 构筑物、罐体放空管理

在污水处理站检修、维护过程中,经常需要将构筑物放空。为保证放空时站内污水管及时排水,构筑物不出现开裂、上浮、垮塌等问题,特制定此放空管理办法。

1)放空管理

进行构筑物池体放空检修、维护前,须由维修人员拟定详细的构筑物放空检修维护方案,经运营主管审核批准后,方可进行放空操作。

应视情况向上级领导提交《构筑物放空申请》、维修方案等;确保污水排放正常,避免管道井向地面溢流。

在某构筑物池子需要放空时,执行人员要现场了解污水处理站管路是否具有最大排污能力,是否有管道堵塞情况,只有在管路畅通时方可放空。

对任何池子的放空操作,应逐步开启阀门,切忌一步到位,以免短时间内因泥、砂大量涌入造成管线堵塞。

对任何放空池子操作,要求操作人员在开始放空时要在现场观察一段时间,确认管道畅通方可离去;如遇管井冒水、冒泥,应立即停止放空,必须放空时要在清通管道后再进行操作。

泥区放空时在注意管路畅通、管井冒水的同时,还应由分厂对放空污水井周边地区进行毒气检测,同时做好相应警示标志,以保证污泥区安全稳定生产。

2)池体抗浮

池体放空检修前应制订检修计划,尽量避开雨季并缩短维修周期。

若地下水水位高于设计水位,则必须在放空前,采取降低四周地下水水位的措施。放空时要求对池体进行上浮观测,上浮观测方法见下文。放空过程中及放空后,要定期巡检,及时发现池壁和管道出现的变形、裂缝、错口、脱节等情况。对并联池体尤其是共壁池体放空时,若单独放空一组池子,应控制放空阀门开启到1/3左右,不得全部打开。

3)上浮观测方法

水池上浮测量采用相对高程测量,测量参照基准点及测量点要求稳定可靠。

单池测量点不少于4个,有伸缩缝的不少于8个(圆形池均布,矩形池设在角点)。

池体高程测量的读数精度应达到0.1mm。

高程测量采用连续测量，测量周期不大于 8h。

水池放空至设计最低水位后，须每天定时进行 1 次上浮量测量。

若放空周期较长，构筑物池体放空后，必须配备专职观察人员对水池连续观察，观察间隔时间不大于 2h。如出现以下任何一种情况，应立即停止放空：

水池上浮量超过设计值；

水池不均匀上浮量超过设计值；

池体任何部位出现裂缝。

4）池体重新注水

注水前，检查池体有无开裂、变形、不均匀上浮等情况发生，如存在以上问题，应及时报政府相关部门和公司，采取有效措施进行处理。

构筑物注水须分 3 次进行，每次注入设计水深的 1/3，相邻两次注水时间间隔不少于 6h。注水过程中若出现池体开裂或不均匀沉降等问题，应立即停止注水并上报项目公司领导及集团运营部。若原水水温高于构筑物温度，且温差超过 10℃，则注水过程中须监测构筑物温度变化，避免温升过大，出现温度裂缝。

7.3　汇报制度

7.3.1　目的

为了促进各部门间的沟通与合作，提高各部门执行工作目标的效率，发现当前存在的问题，提高各项工作的周密性与计划性，以保障生产的有序、高效进行，特制定本制度。

7.3.2　汇报时间（运营主管可根据实际情况进行调整）

晨会：工作日上班后 10 ~ 15min，具体形式由运营主管决定。

周例会：每周五下午或每周一上午。

月度会：每个月最后 5 日内。

7.3.3　参会人员

晨会：运营主管、机修人员、运维管理人员。

周例会：运营主管、机修人员、运维管理人员、化验室人员、办公室人员。

月度会：运维主管、机修人员、运维管理人员、化验室人员、办公室人员。

7.3.4　程序及内容

1）晨会

由运营主管主持；

各工种人员向主管汇报前一日的工作运行、水质情况，尤其是异常情况和设备故障等；

主管对异常情况和故障等的排查与维修给出相应的指导意见；

在水质有异常的日期，强调加强水质的跟踪。

2）周例会

由运营主管主持；

化验人员汇报上周化验及工艺运行情况，确定下周工艺调控方案；

机修人员汇报上周设备管理情况，确定下周工作计划；

运维人员汇报上周运行情况，确定下周工作计划；

对完成有难度的工作进行集体研究讨论，确定解决办法；

运营主管总结上周工作，并布置下周工作。

3）月度会

由运营主管主持；

运营主管传达公司的各项指示和要求，并对上月度污水处理站工作情况进行概括分析；

听取运行、维修、化验等岗位管理人员对上月所属工作和下月工作计划的汇报，明确工作重点，落实生产运行、成本控制、安全管理、提高客户满意度等工作安排；

对工作中存在的问题、难题进行集体讨论，确定解决方案；

结合以上各种情况，由运营主管确定下月工作目标，并进行整体工作布置和协调。

7.3.5 会议组织和跟进

会前要明确议题，参会人员做好参会准备工作；

会议要讲效率，主持人控制好人员的发言时间和议题节奏；

会议要重实效，会议决议或工作讨论结果必须要明确责任人、完成时间、工作目标、工作任务、形象进度，由责任人承担落实责任；

各种例会由指定人员做会议记录，以会议记录为依据，对会议决议进行跟进与落实；

按照相关要求对会议记录（周报、月报等）进行汇总。

7.4 实验室管理制度

7.4.1 日常管理

保持实验室桌面及地面的清洁，及时清理垃圾，适当处理废弃物品。

实验设备有序摆放，实验药品入柜，危险品必须带锁保管。

实验人员操作时应着白大褂或工作服，夏天不得穿短裤、凉鞋做实验。

实验过程均对外保密，外来人员须经化验室分析人员同意后方可进入化验室。

实验人员负责做好每日卫生检查记录，运营主管定期审查。

化验室内禁止吸烟、吃零食，不准放置与实验无关的杂物，不得进行与实验无关的活动。

7.4.2 仪器、药品管理

1）仪器设备管理

（1）购置和报废。

根据实验室设备的情况，由化验室分析人员向主管人员提交相应的采购和报废申请；仪器使用说明书按照文件控制管理进行保存；配件及软件存放在各污水处理站的资料柜中。报废仪器设备时，由化验室分析人员协助主管人员按相关手续完成报废程序。

（2）使用和维护。

实验人员负责仪器设备的日常维护、操作规程的培训及考核。仪器负责人应熟悉仪器性能、操作方法、注意事项等，做到技术档案资料齐全和完整。

在日常使用过程中应注意仪器、设备的运行状态。使用仪器后须及时清理维护；定期进行仪器的日常维护，包括配件清洗更换、仪器的除灰除湿等。重要仪器设备使用后应在记录本上登记，记录使用时间和仪器状况。

实验室仪器应每年进行1次年检校验。

（3）维修。

仪器设备实行故障报告制度。仪器使用过程中出现不正常的声音或动作时，化验室分析人员应立即停机检查。在仪器设备发生故障时，仪器使用人员应立即报告主管人员，联系维修人员，并写出故障报告。各仪器的故障、维修及解决过程均须记录备案。

2）药品管理

药品购买：实验人员在月末统计当月药品使用量和余量，申报下月的采购量，并在运营平台中做好相关记录（表7-2）库存不够时，实验人员提出购买申请，由主管人员统一安排购买；强酸等药品购买按照相关规定执行。

药 品 登 记 表　　表 7-2

______污水处理站药品登记表

购买记录			使用记录				库存余量	保管人签字	备注
日期	数量	等级	日期	数量	领用人	使用地点			

危险化学品：危险化学品要有台账记录，每次使用之后一定要登记，登记内容包括使用量、使用人、使用日期、库存余量等信息；不能大批量购置危险化学品，每次购买 1 ~ 2 个月的使用量。

废液管理：对于强酸强碱剧毒类废液，应集中收集在一个废液桶中。废液桶要做好密封。每隔 1 ~ 2 个月进行 1 次报废。

过期药品：统一存放，并和废液等统一进行报废。

建档：常规化学药品购入后，由实验室人员领用。化验室做好库存建档记录。

使用和维护：化验室分析人员定期检查常规药品库存量。

报废：报废化学药品由主管批准后，按相关手续完成报废程序。

3）样品管理

采集的检测样品要做好标识，标识包括：采集时间、采样地点、编号等基本信息。若检查样品有异常，实验人员应在“样品登记表”中如实记录。

在分析过程中由化验室分析人员及时做好分样、移样的样品标识，并根据样品测试状态在样品测试状态框中做相应的标记。

实验人员应对水样留存 2d，对水样数据无异议后，方可处理水样。

4）样品保存

水样变化快、时效性强，采取加入化学试剂或低温等方法保存。

污泥样品放入冰箱冷藏，并根据需要保留。

化验室技术人员将冰箱、冰柜合理划分区城，并负责保持冰柜和冰箱的清洁。化验室分析人员应及时清理冰箱内废弃的样品和材料，每季度集中清理冰柜和冰箱，主管人员负责监督。

5）数据管理

实验人员实验完成后对实验数据进行总结、审核，并填写报表。实验人员下班前将实验数据报给运营主管,主管审核后签字,填写至月报表中。

实验结果均应保密,除公司内部共享分析数据和向相关环境保护行政主管部门汇报外,不得将结果擅自公布或转交厂外人员。

实验室内与仪器联机的计算机设开机密码,密码由实验室人员掌握并经常更换,不得外泄。

实验人员不得私自对实验日报表和月报表进行修改,一旦需要修改应向主管领导申请。

化验室分析人员负责原始记录的收集与保存,须将技术处理后的记录及报表与未经技术处理的记录及报表严格地分开存放,并做相关识别标识。

实验室人员做好资料和档案的管理工作,记录报表与仪器、设备的相关文件分开存放。

7.5 安全管理制度

7.5.1 污水处理站安全管理要求

(1)未经允许,外人与无关人员不得进入工作区内。禁止非本班值班人员操作机电设备,拒绝接受除调度和有关领导外的任何其他人员的指示与命令。

(2)不允许酒后上班,不允许精神不振或体力不支的人员上班。值班人员不可擅自离开工作岗位。

(3)值班人员要衣冠整齐,要穿戴必要的劳保用品。禁止赤膊、赤脚、穿拖鞋、披散衣服。女性员工要将发辫盘在帽内,防止被机器轧住。交接班人员填写好交接班记录表(表7-3)。

交接班记录表 表7-3

______污水处理站交接班记录表

日期:		班次:
风机运行情况	回流泵运行情况	提升泵运行情况
清洁卫生:		
工具情况:		
异常情况及操作:		
其他事项:		
交班人:		接班人:

批准人/日期:

(4)不许在高压设备和电线附近悬挂或存放物品,不许在电动机和出风口处烘烤衣服或其他物品。

(5)必须严格按照设备使用说明和操作规程启动、停止各设备,启动设备前要瞭望机电设备周围及其附属设备周围,确认无人后方可启动。

(6)操作高压电气设备时,送、停电必须按照有关安全技术规程执行。

(7)在设备运行过程中打扫设备及其附近的卫生时要特别注意安全。严禁擦抹正在转动的部位,不得用水冲洗电缆头等带电部分。

(8)电动机吸风口、联轴器、电缆与设备连接处必须设置防护罩,并使其处于良好状态。

(9)值班工人必须按规定定时检查设备运转状况,要随时检查设备润滑情况,保证冷却和密封水畅通无阻。

(10)经常检查压力表、电压表、电流表等仪表指示变化情况，指针要在正常指示位置。设备运转中声音应正常，无异常振动及杂音。

(11)突然停电或设备发生故障时，应立即切断电源，停止设备运转，并报告有关领导。

(12)维修设备时，值班人员应了解清楚检修范围，主动配合维修人员工作。设备应验明无电后才可维修。任何设备禁止带电检修。

(13)值班工人必须提高警惕，做好防火、防洪、防盗、防止人身触电的"四防"工作。

(14)设备正在运转时，不准人员跨越、传递物品或触动危险部位，各种机具不准超限使用。

(15)设备间、鼓风机房、化验室、仓库、控制室、资料室、档案室等，非专业和工作人员禁止入内。严禁烟火，以免发生事故。

(16)专用设备(机械、电气设备、泵、闸阀)非专职人员未经许可不得操作。

(17)检查修理机械、电气设备时，必须设置安全标示或警示牌，并设专人监护。停电作业警示牌的挂取应为同一人，非工作人员严禁进行相关的操作和作业。挂有警示牌的地方无关人员严禁靠近。

(18)进入有限空间必须按照《有限空间作业规程》要求进行作业。

(19)高空作业必须符合高空作业的操作规程，不得违章作业。

(20)污水处理站内行驶的一切机动车辆必须减速，其行驶速度不准超过 15km/h。

(21)非电工和操作人员不得检修或操作电气装置，移动机电设备必须先切断电源。

(22)起动吊绳、吊具必须符合安全操作要求，并按规定正确使用。

(23)机器设备运转时，严禁用手触摸运转部位或采用接触法打扫清洁卫生。

(24)物件堆放要码放整齐、稳妥，高度一般不得超过 2m。

(25)禁止任意拆除、搬动、涂改安全生产宣传标语、指示牌。

以上内容是安全生产的基本要求和准则，相关专业或行业的人员还必须遵守其专业或行业对安全的特殊规定。

7.5.2 站内安全教育制度

1)教育内容

宣传贯彻及学习《中华人民共和国安全生产法》《中华人民共和国消防法》及相关法律法规。贯彻学习上级关于安全生产、治安、消防的文件及规章制度。

组织开展上级部署的安全生产、治安、消防专项活动。

组织各部门岗位员工学习安全生产操作规程、安全生产防范措施和事故应急处理措施，分析作业场所和工作岗位可能存在的新的危险因素，提出解决方案。

对新调入人员和调整岗位人员，必须进行与当前岗位相适应的安全生产教育，考核合格后方能上岗。

2)教育方式

召开安全生产、治安、消防工作专题会议。

开展板报宣传、张贴横幅标语、发放资料、安排专题讲座、组织知识竞赛等活动，进行广泛的安全宣传教育。

3)教育落实

每月召开 1 次安全生产工作会，总结当月安全生产目标的完成情况，提出下月安全生产工作重点和落实的具体措施。

每半年组织 1 次全污水处理站职工参加的安全生产工作会。

定期开展污水处理站安全生产工作会、学习会，必须做原始记录，所有到会人员必须签到。

每月组织 1 次总结会，总结当月安全生产情况，分析有无违章作业行为，分析各岗位的设备、设施是否存在安全隐患，提出整改的具体建议，及时整改。

每周召开 1 次安全生产小结会，小结本周完成工作任务情况，分析各岗位是否存在安全隐患，并以书面形式上报运营主管。所有到会人员必须本人签字。

7.5.3 主要部门安全工作职责

1)办公室安全生产(工作)职责

负责全污水处理站的劳动保护工作。宣传国家有关劳动安全的方针、政策和劳动保护法规,负责制定污水处理站内有关劳动保护的规章制度,做好检查、监督工作。

牵头组织全污水处理站职工和新员工的安全生产教育,对职工的技术考核(或培训),必须把安全技术知识同时列入考核(或培训)内容。

根据上级规定,制订全污水处理站劳保用品的发放办法,并制订劳保用品的使用计划,做好劳保用品的购置、发放工作,以及做好防暑降温、防寒防冻等工作。

认真做好各类物资材料的分类管理,特别是对易燃易爆、有毒有害物品,要有专人严格管理,并建立健全此类物品的保管、领用制度。

材料摆放必须符合安全要求,不得乱堆乱放妨碍生产。

库房保管应有防火设施,易燃易爆、危险物品应有警示标志,相关人员应定期检查,发现问题及时向有关部门反映。

行使对安全生产工作的监督职能,检查指导业务部门做好安全生产,预防事故发生。利用多种形式开展安全生产知识的宣传活动。

认真做好部门人员安全生产教育工作,做好日常安全生产隐患的检查及整改措施的落实。

认真做好生产班组人员的安全生产教育工作,指导班组做好日常安全生产隐患的排查及整改措施的落实。

做好绿化工作中的安全管理工作。

在组织参观人员站内活动时,要落实好安全防范措施,畅通安全通道,保证人身安全。

2)维修班安全生产职责

建立健全车间、班组各项安全规章制度,做到安全责任落实到人。

严格按照安全操作规程进行机械操作、加工维修、安装作业。

加强车间、班组职工的安全生产教育,不断提高职工的防范意识。

在有危险的场所进行维修、安装作业时,应严格履行审批手续,落实好防范措施,保障安全生产。认真执行有限空间作业安全管理规定,正确使用防护用品,预防中毒和缺氧事故的发生。

对厂区、生活区的防雷击、防静电搭铁装置每年进行1次定期检测、维修,确保防雷击设施随时处于良好使用状态。

认真做好部门(班组)人员安全生产教育工作,指导班组(负责人)做好日常安全生产隐患的检查及整改措施的落实。

3)化验室安全生产职责

严格执行特殊工种的行业安全法规,遵守危险化学品的专项管理规定,确保危险化学品的储存、使用安全。

化验药品要妥善保管、储存,保管室要安全可靠,并有明显标志,发现异常情况及时报告有关部门处理。加强对危险剧毒药品的管理,防止流失和中毒事件发生。

认真执行上池作业的安全管理规定,正确使用防护用品,预防溺水事故的发生。

认真做好部门人员安全生产教育工作,指导班组(负责人)做好日常安全生产隐患的检查及整改措施的落实。

7.5.4 安全工作职责

运营主管应负责编制污水处理站安全生产、安全教育、安全检查的方案,并报给安全保卫部进行审核,按照要求整改后执行。

安全检查的形式分为日常检查、综合检查、专项检查、季节性检查等。安全专职部门应经常对污水处理站各部位进行安全巡查,每周不得少于1次,了解一线的安全生产状况,及时发现生产中的安全隐患,并按程序进行整改。

安全专职部门每季度组织 1 次安全生产大检查和 1 次治安、消防大检查。

每月底各部门生产安全大检查后，由主管领导负责组织召开安全生产情况通报会，对查出的安全隐患做出处理意见，由相关部门协同整改。

办公室应经常对污水处理站内临时施工单位生产安全措施的落实情况进行检查，发现违章及时予以制止，提出处罚建议，报主管领导批示并督促整改。

特种设备由办公室定时联系相关部门检查、检测。

办公室负责建立全污水处理站特种设备安全技术档案，并负责对特种设备的检查、维护做好记录。办公室定期或不定期进行相关督察。

根据《中华人民共和国气象法》和《防雷减灾管理办法》，由生产部做好污水处理站防雷设施的年度检测工作。

7.5.5　安全检查制度

安全检查分为日常检查、综合检查、专项检查、季节性检查等。

日常检查由运营人员负责；每周安全检查由运营主管负责；专项安全检查是针对特定施工作业及专项设备、设施进行的安全检查，由运营主管及主管副总负责；季节性检查是根据特定时期安全管理工作重点进行的安全检查，如汛期、冬季防火、重点时期、节假日等的安全检查，由运营主管负责。

安全检查的主要内容包括查意识、查制度、查隐患、查整改落实、查岗位职责。检查安全隐患内容参照危险源辨识清单。安全检查的重点是配电室、物资仓库、实验室及其他禁火区域和用火部位。

安全检查过程中要填写检查记录单，写明检查情况，由相关负责人签字确认，以备留档查看。

检查过程中发现不能及时整改的安全隐患，由安全保卫部负责进行登记挂账，并下发隐患整改通知单，后附隐患照片。

各项目部专职安全员定期或不定期对施工过程进行安全检查，各项目部指定专人对危险作业进行现场管理，严格执行巡回检查制度，严禁无关人员进入作业区域。

7.6　应急管理制度

为积极应对突发的暴雨、洪水等自然灾害，以及法定节假日水质、水量的较大波动，保障污水处理站的正常稳定运行，特制定本管理规定。

7.6.1　适用范围

本规定主要适用于由于突发性暴雨、洪水等特殊天气和法定节假日造成水质、水量发生较大变化的情况，规定了在此情况下所应采取的预防措施和应急处置方案。

7.6.2　组织及职责

组织并成立污水处理站防汛领导小组。该小组由项目主管领导任组长，成员包括运行主管、维修主管、运行班组长、行政主管等。

组长负责应急工作的组织和指挥，协调站内及管网的统一调度，及时向集团运营部及当地主管政府部门汇报情况，在必要的情况下发出救援请求。

小组其他成员负责生产应急预案的制定、审查和修订；运行主管负责防范措施的检查、汛期和假期的工艺调度；维修主管负责设备、设施的检查、突发性维修和实施中的安全监督；运行班组长负责对设施设备运行状态的监视和控制；行政主管负责汛期的后勤保障。

领导小组负责组织对相关人员进行《预案》的演练和实施，检查落实事故的预防措施和应急救援的各项准备工作，安排受损设施抢修，恢复生产。

7.6.3　内容

在领导小组的领导下，各部门要充分做好防汛准备工作，做到早抓、早检查、早落实，把好汛前检查关，消灭防汛“死角”，切忌走过场。

各部门要及时准备好防汛必备物资,并准备好的厂区防护措施,一旦发生危险汛情要保证能立即对设备进行可靠防护,避免设备受损。

在主汛期、大暴雨过程中必须坚持24h值班制度,加强对厂区防汛工作的巡视、检查,及时处理有关安全隐患及突发事件。

在汛期应加强与所在地水利、气象和政府相关部门有关方面的联系,确保通讯畅通,能及时、准确地了解和传递有关的气象、汛情预报资料,及时组织防汛抢险工作。

各部门员工必须无条件服从防汛领导小组统一指挥,及时开展防汛应急救援工作。

发生突发环境应急事件或安全生产事件后,值班负责人要准确判断事件性质,并及时上报防汛领导小组,领导小组应立即组织相关人员根据实际情况制定具体防汛抢险方案。

7.7 突发事故应急操作

污水处理站突发事故可分为以下几类:

(1)突发性排放一般污染物的事故;

(2)突发性排放一类污染物和其他能够造成人与动植物急性中毒损害的污染物,数量少、范围小、易于处理的事故;

(3)突发性排放一类污染物和其他能够造成人与动植物急性中毒损害的污染物,数量较多,范围较大,危害严重的事故;

(4)对生态环境造成严重破坏以及造成公私财产重大损失或人员伤亡,直接影响社会安定的污染事故;

(5)对周边行政区域环境造成较大影响的一般污染事故和较大污染事故。

在事故发生后,运营人员应马上向上级汇报,同时现场操作应遵循以下原则:

(1)控制污染源,尽快停止污染物的继续排放;

(2)尽可能控制和缩小已排放污染物的扩散、辐射、蔓延的范围,把事件危害降到最低程度;

(3)采取一切有效措施,避免人员伤亡,确保人民群众生命安全;

(4)应急处理要立足于彻底消除污染危害,避免遗留后患。

事故处理领导小组办公室在接到污染事故报告后,应立即向运营主管报告,听候指令。

根据指令,领导小组办公室须立即采取措施,通过电话或直接安排先遣人员赶赴现场,对事故发生基本情况进行初步核实后,向领导小组汇报。

根据初步核实的情况,属于一般污染事故的,领导小组办公室按照指令组织应急处理工作,运营主管须赴现场指挥应急处理工作;属于重特大污染事故的,公司领导、运营主管应及时赶到现场,指挥应急处理工作。

根据领导小组领导指令和应急需要,领导小组办公室应当立即协调组织方案实施组和监测组,携带应急物品和监测仪器赶赴现场,必要时由方案实施组组织有关专家现场协助应急处理工作。

7.8 档案管理

为了污水处理站更好地管理运行,应对建站以后的重要文档进行归纳整理。

1)档案种类

(1)建设项目环境管理档案。内容包括:所有建设项目清单、建设项目环境影响评价报告书(表)、环保部门环评审批文件、项目试生产批复文件、项目竣工环境保护验收资料等。

(2)污染物排放档案。内容包括:最近6个月污水处理站每天人工化验的污水、污泥等污染物排放浓度数据,以及自动监测的主要污染物排放浓度小时均值数据;环境风险源单位最近6个月每天对特征污染物的监测数据。

(3)污染防治设施运行管理档案。内容包括：污染防治设施位置图，污染防治设施建设和处理能力等情况简介，污水管网线路图，排放口分布图；最近6个月治污设施检修停运申请报告、环保部门批复文件；最近6个月每天污染防治设施的运行记录、治污辅助药剂购买单据复印件及使用台账。此外，排污单位要在厂区醒目处设置污染源分布图、污染物处理流程图和企业环境管理责任体系图。

(4)固体废弃物处置档案。内容包括：最近6个月每天固体废弃物的产生量和处置量，以及固体废弃物储存、处置和利用设施的运行管理情况；固体废物转移五联单；污泥中重金属含量化验分析报告。

(5)环境应急管理档案。内容包括：环境应急预案，应急处置设施日常维护运行情况，环境应急预案演练记录。

2)编制原则

要本着"规范、真实、全面、细致"的原则，按照要求建立环境管理档案。要明确企业分管负责人和档案管理员，层层审核把关，确保相关数据真实可靠。环境管理档案应分类装订，资料台账应完善整齐，并实行动态管理，按月进行更新。环境管理档案要有固定场所存放，确保执法人员随时调阅检查。

8　污水处理站平面布置图

本部分列举部分采用 A^2O + MBR 工艺的污水处理站的平面图，如图 8-1 ~ 图 8-7 所示。

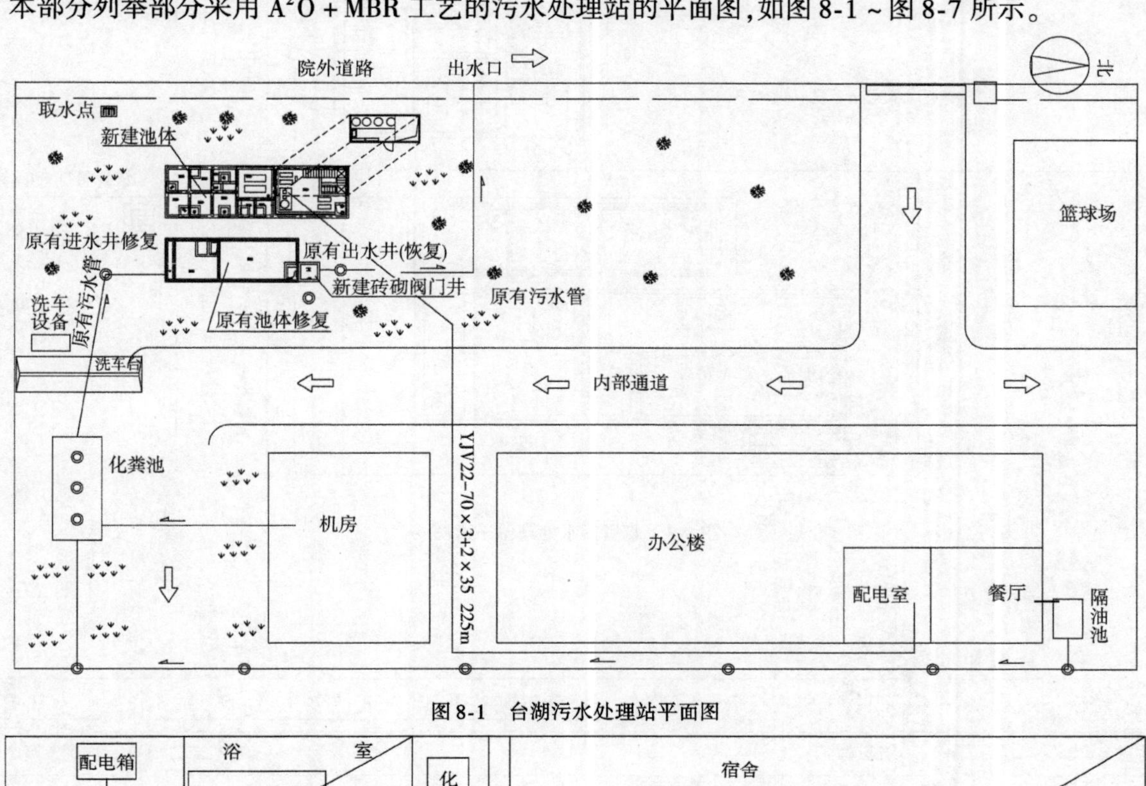

图 8-1　台湖污水处理站平面图

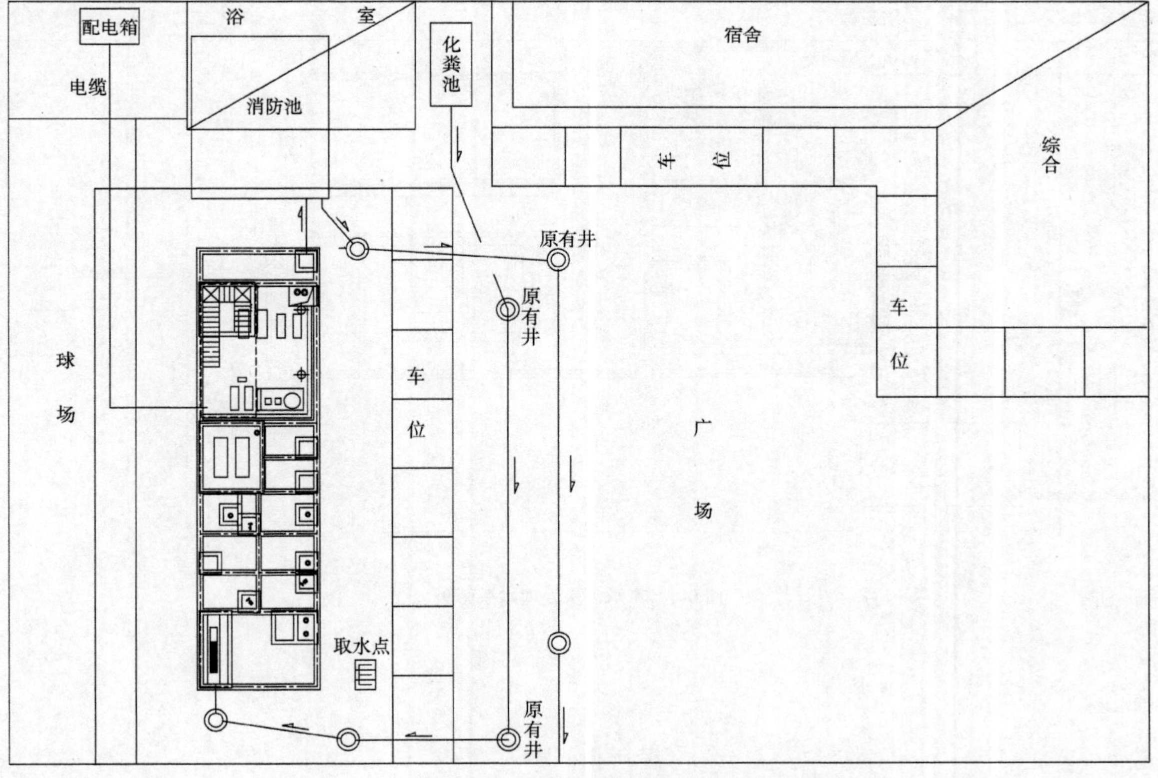

图 8-2　永乐污水处理站平面图

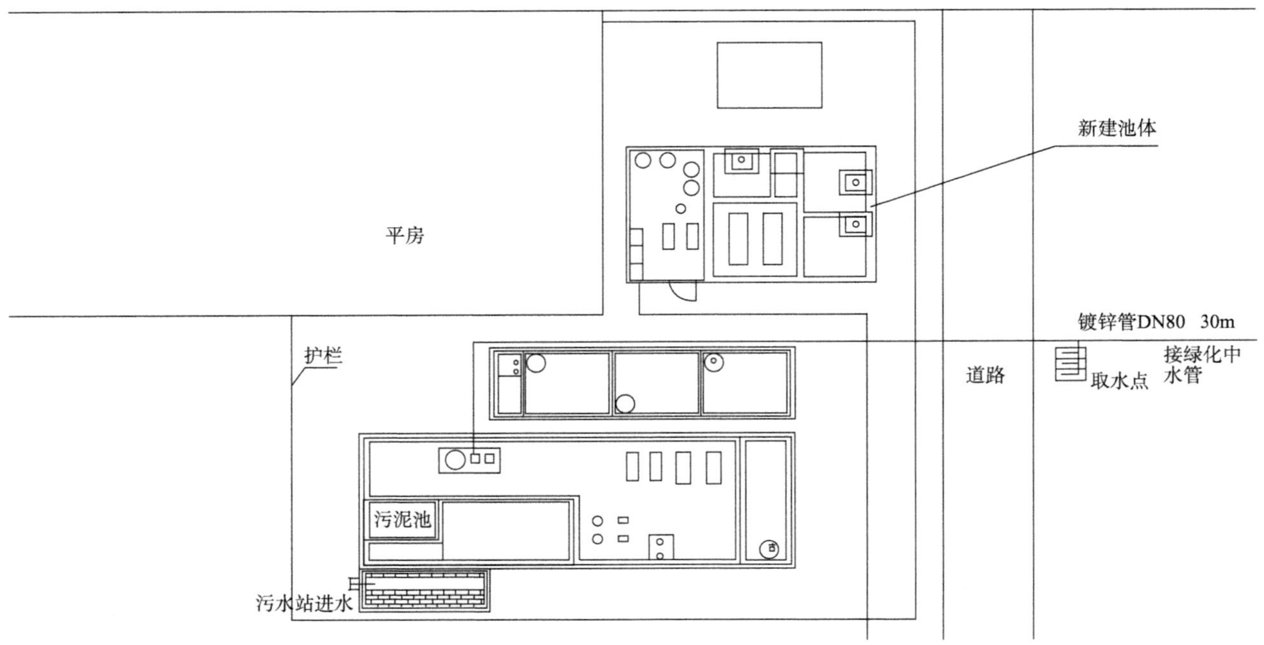

图 8-3　疃里污水处理站平面图

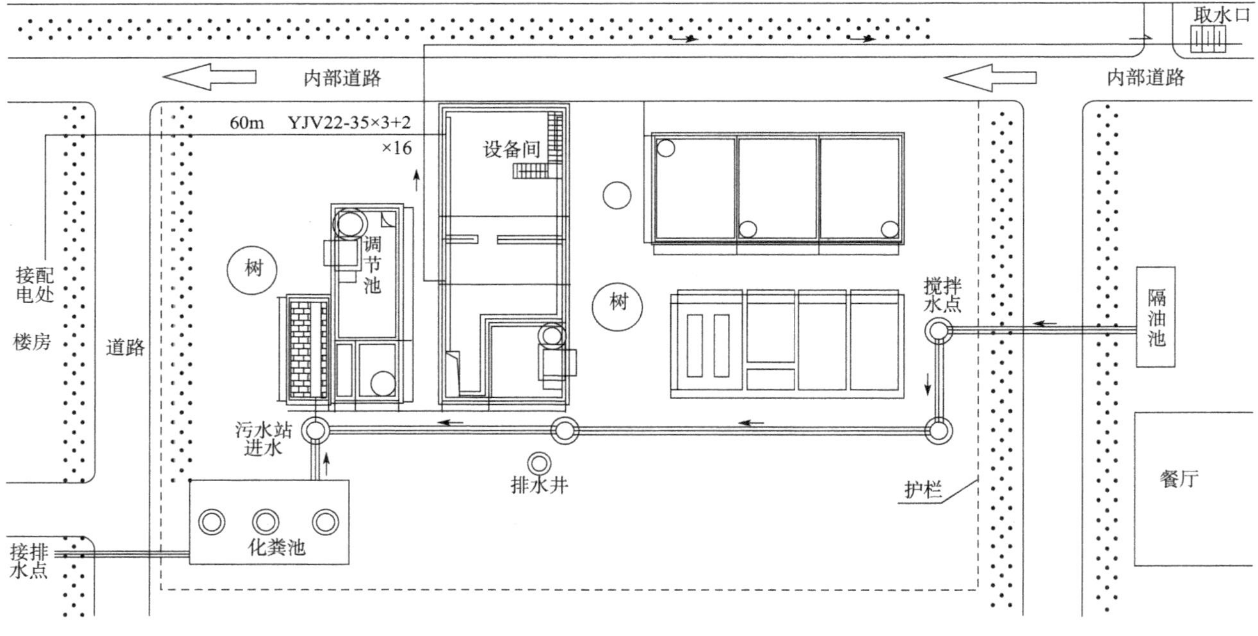

图 8-4　京承污水处理站平面图

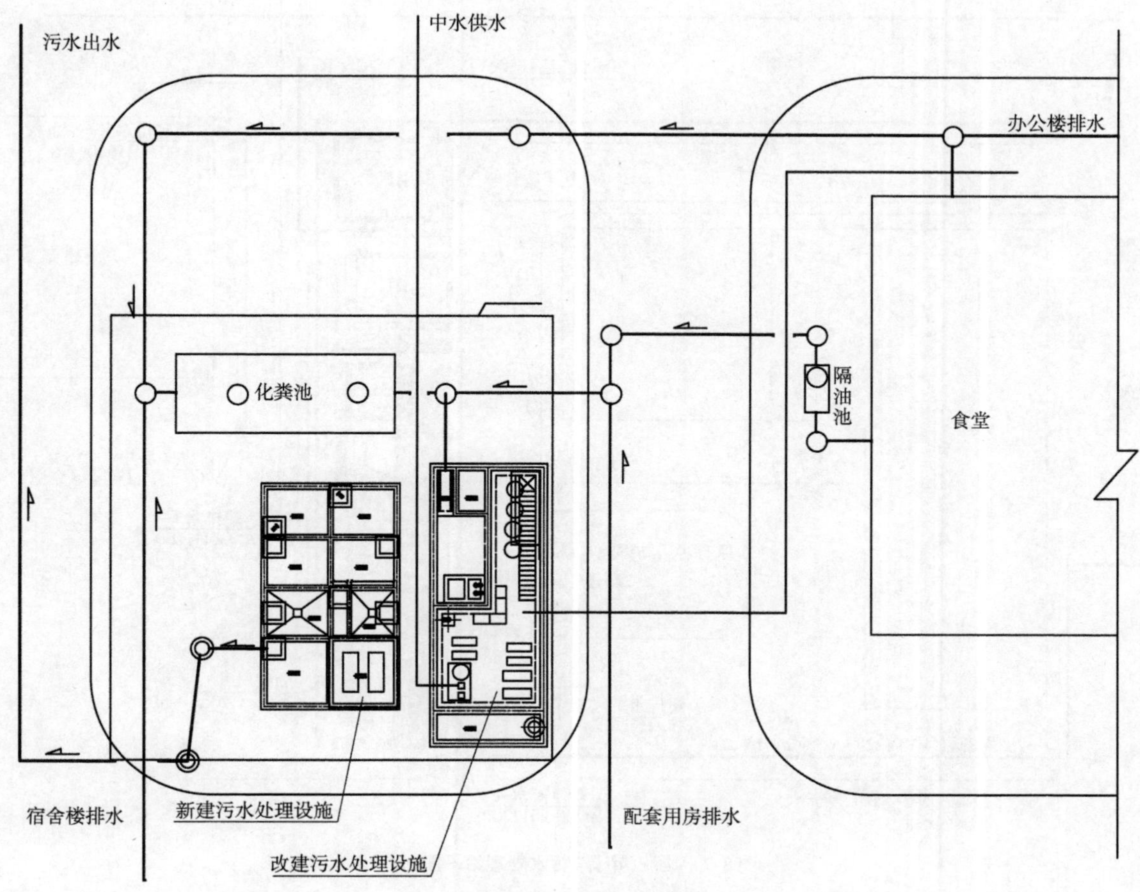

图 8-5 马坊污水处理站平面图

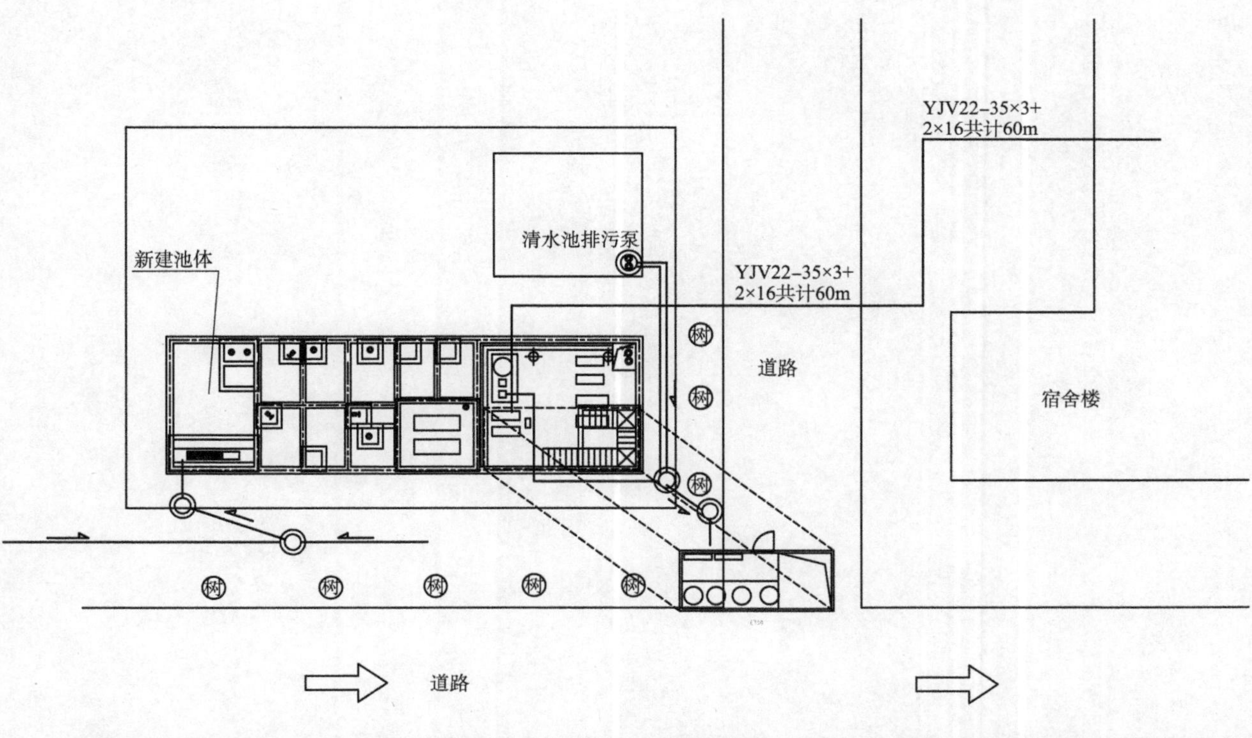

图 8-6 京新污水处理站平面图

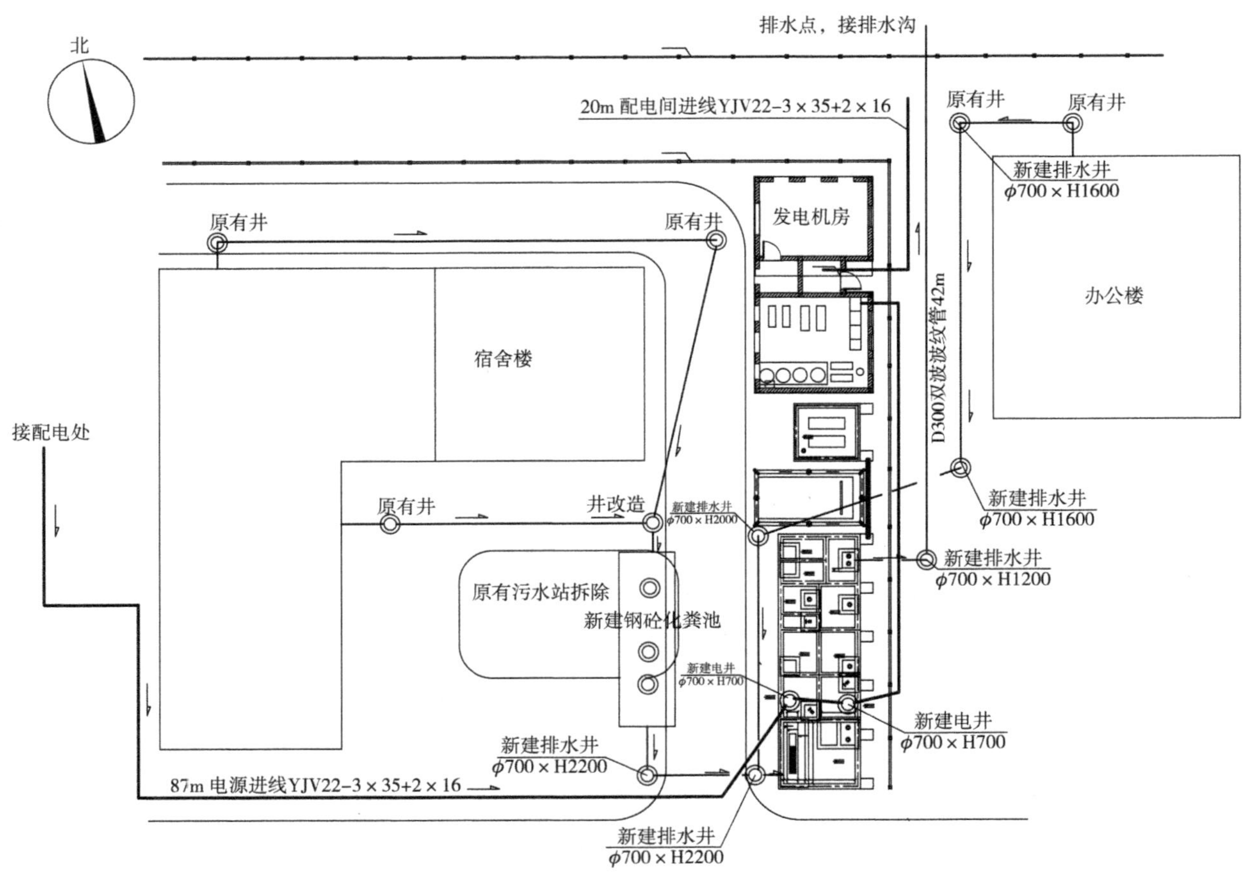

图 8-7　康庄（市界）污水处理站平面图

9 设备一览表

目前使用 A^2O + MBR 的污水处理站如：疃里管理所、京承管理所、马坊管理所、康庄管理所、沙河管理所、永乐管理所、台湖管理所。其中，疃里管理所、京承管理所、马坊管理所 3 个所的处理水量为 150t/d，其他 4 个管理所的处理水量为 100t/d。表 9-1 是不同水量所使用的设备型号规格。

不同水量的设备型号规格 表 9-1

序号	设备名称	150t/d	100t/d
1	自动细格栅	(1)安装角度 50°，栅条间距 5mm，格栅宽 345mm，爬齿材料 S304，设备功率 N = 120W； (2)安装角度 70°，栅条间距 3mm，格栅宽 500mm，爬齿材料 S304，设备功率 N = 0.75kW	(1)安装角度 50°，栅条间距 5mm，格栅宽 345mm，爬齿材料 S304，设备功率 N = 120W； (2)安装角度 70°，栅条间距 3mm，格栅宽 500mm，爬齿材料 S304，设备功率 N = 0.75kW
2	MBR 膜组	SINAP150-120	SINAP150-80
3	调节池提升泵	40WQ8-15-1.1	40WQ8-15-1.1
4	厌氧池布水装置	WQ200-5Y1	WQ200-5Y1
5	厌氧池填料系统	Φ150 弹性填料，包含填料支架	Φ150 弹性填料，包含填料支架
6	厌氧池搅拌器	MA0.37/6-220-960	MA0.37/6-220-960
7	缺氧池布水装置	WQ200-5Q1	WQ200-5Q1
8	缺氧池填料系统	Φ150 弹性填料，包含填料支架	Φ150 弹性填料，包含填料支架
9	缺氧池搅拌器	MA0.37/6-220-960	MA0.37/6-220-960
10	好氧池填料系统	Φ150 弹性填料，包含填料支架	Φ150 弹性填料，包含填料支架
11	好氧池曝气系统	(1)Φ215 曝气器 55 个，包含曝气管支架； (2)Φ180 曝气器 45 个，包含曝气管支架	(1)Φ215 曝气器 55 个，包含曝气管支架； (2)Φ180 曝气器 30 个，包含曝气管支架
12	好氧池曝气风机	HC-501S	HC-50S
13	混合液回流泵	50WQ25-10-2.2	50WQ25-10-2.2
14	沉淀池中心竖流管	(1)DN250，碳钢防腐； (2)DN300，碳钢防腐	(1)DN250，碳钢防腐； (2)DN300，碳钢防腐
15	可调节集水堰系统	碳钢防腐，厚度 8mm	碳钢防腐，厚度 8mm
16	混凝沉淀池中心竖流管	DN250，碳钢防腐	DN250，碳钢防腐
17	斜管填料	Φ80，材质 PP	Φ80，材质 PP
18	斜管支架系统	碳钢防腐，含压条	碳钢防腐，含压条
19	可调节集水堰系统	碳钢防腐，厚度 8mm	碳钢防腐，厚度 8mm
20	污泥回流泵	40WQ8-15-1.1	40WQ8-15-1.1
21	混凝沉淀池污泥泵	40WQ8-15-1.1	40WQ8-15-1.1
22	混合搅拌器	MA0.37/6-220-960	MA0.37/6-220-960
23	MBR 膜池污泥泵	40WQ8-15-1.1	40WQ8-15-1.1
24	污水外排泵	50WQ25-10-2.2	50WQ25-10-2.2
25	MBR 膜曝气风机	HC-801S HZ-100S	HC-801S HZ-100S
26	毛发过滤器	MF-15	—

续上表

序号	设备名称	150t/d	100t/d
27	屋顶风机	玻璃钢，Q = 2000m³/h，N = 0.25kW	玻璃钢，Q = 2000m³/h，N = 0.25kW
28	MBR 自吸泵	(1)40ZW6.3-20； (2)40ZW10-20	(1)40ZW6.3-20； (2)40ZW10-20
29	次氯酸钠药洗装置	(1)PE 加药箱 200L 1 只，计量泵 300L/H 1 台； (2)PE 加药箱 300L 1 只，计量泵 GM0050 Q = 50L/h 1 台	(1)PE 加药箱 200L 1 只，计量泵 300L/H 1 台； (2)PE 加药箱 300L 1 只，计量泵 GM0050 Q = 50L/h 1 台
30	碳源投加装置	(1)PE 加药箱 200L 1 只，计量泵 GM0050 Q = 50L/h 1 台，含搅拌器； (2)PE 加药箱 300L 1 台，计量泵 GM0050 Q = 50L/h 1 台，含搅拌器	(1)PE 加药箱 200L 1 只，计量泵 GM0050 Q = 50L/h 1 台，含搅拌器； (2)PE 加药箱 300L 1 台，计量泵 GM0050 Q = 50L/h 1 台，含搅拌器
31	混凝加药装置	(1)PE 加药箱 200L 1 只，计量泵 GM0025 Q = 25L/h 1 台，含搅拌器； (2)PE 加药箱 300L 1 只，计量泵 GM0025 Q = 25L/h 1 台，含搅拌器	(1)PE 加药箱 200L 1 只，计量泵 GM0025 Q = 25L/h 1 台，含搅拌器； (2)PE 加药箱 300L 1 只，计量泵 GM0025 Q = 25L/h 1 台，含搅拌器
32	消毒剂投加装置	(1)PE 加药桶 200L 1 只，计量泵 seko-603 Q = 6L/h 1 台； (2)PE 加药桶 300L 1 只，计量泵 seko-603 Q = 6L/h 1 台	(1)PE 加药桶 200L 1 只，计量泵 seko-603 Q = 6L/h 1 台； (2)PE 加药桶 300L 1 只，计量泵 seko-603 Q = 6L/h 1 台
33	引水罐	Φ300	Φ300
34	供水/外排泵	CDM12-6，Q = 12m³/h，H = 44m，N = 3kW	CDM12-6，Q = 12m³/h，H = 44m，N = 3kW
35	稳压罐	Φ800，1.6MPa	Φ800，1.6MPa
36	集水坑排污泵	40WQ8-15-1.1，Q = 8m³/h，H = 15m，N = 1.1kW含，耦合	40WQ8-15-1.1，Q = 8m³/h，H = 15m，N = 1.1kW，含耦合
37	空调	2 匹，挂式冷暖型	2 匹，挂式冷暖型
38	供水变频控制柜	元器件：施耐德； PLC：西门子	元器件：施耐德； PLC：西门子
39	电控柜	PLC，含液晶控制屏； 元器件：施耐德； PLC：西门子	PLC，含液晶控制屏； 元器件：施耐德； PLC：西门子
40	污水在线监控	现场加装 PLC 控制器、4G 无线数据采控终端、视频监控、交换机等设施，建立监控平台与 APP，通过建设完成智能化运行和远程监控信息技术平台，实现对工艺与设备运行信息数据的采集与接收、远程传输、储存与管理、工艺及设备运行状态识别、故障预警与反向控制	现场加装 PLC 控制器、4G 无线数据采控终端、视频监控、交换机等设施，建立监控平台与 APP，通过建设完成智能化运行和远程监控信息技术平台，实现对工艺与设备运行信息数据的采集与接收、远程传输、储存与管理、工艺及设备运行状态识别、故障预警与反向控制
41	集装箱	①底板 4mm 钢板，外壁钢板厚度 1.6mm 以上，内板厚度 80mm 以上填充容重 50kg 以上防火保温岩棉；②墙体厚度 100mm，双层窗户，中空玻璃；③喷漆，富锌底漆，环氧中间漆，聚氨酯面漆，干漆膜总厚度 > 140μm；④包含照明、排风扇、应急灯；设备间尺寸为净口尺寸	①底板 4mm 钢板，外壁钢板厚度 1.6mm 以上，内板厚度 80mm 以上填充容重 50kg 以上防火保温岩棉；②墙体厚度 100mm，双层窗户，中空玻璃；③喷漆，富锌底漆，环氧中间漆，聚氨酯面漆，干漆膜总厚度 > 140μm；④包含照明、排风扇、应急灯；设备间尺寸为净口尺寸
42	储物间	—	打包箱 3m × 6m

附录　水质指标分析方法

一、氨氮测量方法——HJ 535—2009

水质　氨氮的测定　纳氏试剂分光光度法(HJ 535—2009)

警告:二氯化汞($HgCl_2$)和碘化汞(HgI_2)为剧毒物质,避免经皮肤和口腔接触。

1　适用范围

本标准规定了测定水中氨氮的纳氏试剂分光光度法。

本标准适用于地表水、地下水、生活污水和工业废水中氨氮的测定。

当水样体积为50mL,使用20mm比色皿时,本方法的检出限为0.025mg/L,测定下限为0.10mg/L,测定上限为2.0mg/L(均以N计)。

2　方法原理

以游离态的氨或铵离子等形式存在的氨氮与纳氏试剂反应生成淡红棕色络合物,该络合物的吸光度与氨氮含量成正比,于波长420nm处测量吸光度。

3　干扰及消除

水样中含有悬浮物、余氯、钙镁等金属离子、硫化物和有机物时会产生干扰,含有此类物质时要作适当处理,以消除对测定的影响。

若样品中存在余氯,可加入适量的硫代硫酸钠溶液去除,用淀粉-碘化钾试纸检验余氯是否除尽。在显色时加入适量的酒石酸钾钠溶液,可消除钙镁等金属离子的干扰。若水样浑浊或有颜色时可用预蒸馏法或絮凝沉淀法处理。

4　试剂和材料

除非另有说明,分析时所用试剂均使用符合国家标准的分析纯化学试剂,实验用水为按4.1制备的水。

4.1　无氨水,在无氨环境中用下述方法之一制备。

4.1.1　离子交换法

蒸馏水通过强酸性阳离子交换树脂(氢型)柱,将流出液收集在带有磨口玻璃塞的玻璃瓶内。每升流出液加10g同样的树脂,以利于保存。

4.1.2　蒸馏法

在1 000mL的蒸馏水中,加0.1mL硫酸(ρ=1.84g/mL),在全玻璃蒸馏器中重蒸馏,弃去前50mL馏出液,然后将约800mL馏出液收集在带有磨口玻璃塞的玻璃瓶内。每升馏出液加10g强酸性阳离子交换树脂(氢型)。

4.1.3　纯水器法

用市售纯水器临用前制备。

4.2　轻质氧化镁(MgO)。

不含碳酸盐,在500℃下加热氧化镁,以除去碳酸盐。

4.3　盐酸,ρ(HCl)=1.18g/mL。

4.4　纳氏试剂,可选择下列方法的一种配制。

4.4.1 二氯化汞-碘化钾-氢氧化钾（$HgCl_2$-KI-KOH）溶液

称取15.0g氢氧化钾（KOH），溶于50mL水中，冷却至室温。

称取5.0g碘化钾（KI），溶于10mL水中，在搅拌下，将2.50g二氯化汞（$HgCl_2$）粉末分多次加入碘化钾溶液中，直到溶液呈深黄色或出现淡红色沉淀溶解缓慢时，充分搅拌混合，并改为滴加二氯化汞饱和溶液，当出现少量朱红色沉淀不再溶解时，停止滴加。

在搅拌下，将冷却的氢氧化钾溶液缓慢地加入到上述二氯化汞和碘化钾的混合液中，并稀释至100mL，于暗处静置24h，倾出上清液，贮于聚乙烯瓶内，用橡皮塞或聚乙烯盖子盖紧，存放暗处，可稳定1个月。

4.4.2 碘化汞-碘化钾-氢氧化钠（HgI_2-KI-NaOH）溶液

称取16.0g氢氧化钠（NaOH），溶于50mL水中，冷却至室温。

称取7.0g碘化钾（KI）和10.0g碘化汞（HgI_2），溶于水中，然后将此溶液在搅拌下，缓慢加入到上述50mL氢氧化钠溶液中，用水稀释至100mL。贮于聚乙烯瓶内，用橡皮塞或聚乙烯盖子盖紧，于暗处存放，有效期1年。

4.5 酒石酸钾钠溶液，$\rho = 500g/L$。

称取50.0g酒石酸钾钠（$KNaC_4H_6O_6 \cdot 4H_2O$）溶于100mL水中，加热煮沸以驱除氨，充分冷却后稀释至100mL。

4.6 硫代硫酸钠溶液，$\rho = 3.5g/L$。

称取3.5g硫代硫酸钠（$Na_2S_2O_3$）溶于水中，稀释至1000mL。

4.7 硫酸锌溶液，$\rho = 100g/L$。

称取10.0g硫酸锌（$ZnSO_4 \cdot 7H_2O$）溶于水中，稀释至100mL。

4.8 氢氧化钠溶液，$\rho = 250g/L$。

称取25g氢氧化钠溶于水中，稀释至100mL。

4.9 氢氧化钠溶液，$c(NaOH) = 1mol/L$。

称取4g氢氧化钠溶于水中，稀释至100mL。

4.10 盐酸溶液，$c(HCl) = 1mol/L$。

量取8.5mL盐酸（4.3）于适量水中用水稀释至100mL。

4.11 硼酸（H_3BO_3）溶液，$\rho = 20g/L$。

称取20g硼酸溶于水，稀释至1L。

4.12 溴百里酚蓝指示剂（bromthymol blue），$\rho = 0.5g/L$。

称取0.05g溴百里酚蓝溶于50mL水中，加入10mL无水乙醇，用水稀释至100mL。

4.13 淀粉-碘化钾试纸。

称取1.5g可溶性淀粉于烧杯中，用少量水调成糊状，加入200mL沸水，搅拌混匀放冷。加0.50g碘化钾（KI）和0.50g碳酸钠（Na_2CO_3），用水稀释至250mL。将滤纸条浸渍后，取出晾干，于棕色瓶中密封保存。

4.14 氨氮标准溶液。

4.14.1 氨氮标准贮备溶液，$\rho_N = 1\,000\mu g/mL$。

称取3.8190g氯化铵（NH_4Cl，优级纯，在100～105℃干燥2h），溶于水中，移入1 000mL容量瓶中，稀释至标线，可在2～5℃保存1个月。

4.14.2 氨氮标准工作溶液，$\rho_N = 10\mu g/mL$。

吸取5.00mL氨氮标准贮备溶液（4.14.1）于500mL容量瓶中，稀释至刻度。临用前配制。

5 仪器和设备

5.1 可见分光光度计：具20mm比色皿。

5.2 氨氮蒸馏装置：由500mL凯式烧瓶、氮球、直形冷凝管和导管组成，冷凝管末端可连接一段适当长度的滴管，使出口尖端浸入吸收液液面下。亦可使用500mL蒸馏烧瓶。

6 样品

6.1 样品采集与保存

水样采集在聚乙烯瓶或玻璃瓶内，要尽快分析。如需保存，应加硫酸使水样酸化至 pH<2，2~5℃下可保存 7d。

6.2 样品的预处理

6.2.1 去除余氯

若样品中存在余氯，可加入适量的硫代硫酸钠溶液（4.6）去除。每加 0.5mL 可去除 0.25mg 余氯。用淀粉-碘化钾试纸（4.13）检验余氯是否除尽。

6.2.2 絮凝沉淀

100mL 样品中加入 1mL 硫酸锌溶液（4.7）和 0.1~0.2mL 氢氧化钠溶液（4.8），调节 pH 约为 10.5，混匀，放置使之沉淀，倾取上清液分析。必要时，用经水冲洗过的中速滤纸过滤，弃去初滤液 20mL。也可对絮凝后样品离心处理。

6.2.3 预蒸馏

将 50mL 硼酸溶液（4.11）移入接收瓶内，确保冷凝管出口在硼酸溶液液面之下。分取 250mL 样品，移入烧瓶中，加几滴溴百里酚蓝指示剂（4.12），必要时，用氢氧化钠溶液（4.9）或盐酸溶液（4.10）调整 pH 至 6.0（指示剂呈黄色）~7.4（指示剂呈蓝色），加入 0.25g 轻质氧化镁（4.2）及数粒玻璃珠，立即连接氮球和冷凝管。加热蒸馏，使馏出液速率约为 10mL/min，待馏出液达 200mL 时，停止蒸馏，加水定容至 250mL。

7 分析步骤

7.1 校准曲线

在 8 个 50mL 比色管中，分别加入 0.00、0.50、1.00、2.00、4.00、6.00、8.00 和 10.00mL 氨氮标准工作溶液（4.14.2），其所对应的氨氮含量分别为 0.0、5.0、10.0、20.0、40.0、60.0、80.0 和 100μg，加水至标线。加入 1.0mL 酒石酸钾钠溶液（4.5），摇匀，再加入纳氏试剂 1.5mL（4.4.1）或 1.0mL（4.4.2），摇匀。放置 10min 后，在波长 420nm 下，用 20mm 比色皿，以水作参比，测量吸光度。

以空白校正后的吸光度为纵坐标，以其对应的氨氮含量（μg）为横坐标，绘制校准曲线。

注：根据待测样品的质量浓度也可选用 10mm 比色皿。

7.2 样品测定

7.2.1 清洁水样：直接取 50mL，按与校准曲线相同的步骤测量吸光度。

7.2.2 有悬浮物或色度干扰的水样：取经预处理的水样 50mL（若水样中氨氮质量浓度超过 2mg/L，可适当少取水样体积），按与校准曲线相同的步骤测量吸光度。

注：经蒸馏或在酸性条件下煮沸方法预处理的水样，须加一定量氢氧化钠溶液（4.9），调节水样至中性，用水稀释至 50mL 标线，再按与校准曲线相同的步骤测量吸光度。

7.3 空白试验

用水代替水样，按与样品相同的步骤进行前处理和测定。

8 结果计算

水中氨氮的质量浓度按式（附 1-1）计算：

$$\rho_N = \frac{A_s - A_b - a}{b \times V} \tag{附 1-1}$$

式中：ρ_N——水样中氨氮的质量浓度（以 N 计），mg/L；

A_s——水样的吸光度；

A_b——空白试验的吸光度；

a——校准曲线的截距；

b——校准曲线的斜率；

V——试料体积，mL。

9　准确度和精密度

氨氮浓度为 1.21mg/L 的标准溶液，重复性限为 0.028mg/L，再现性限为 0.075mg/L，回收率在 94% ~104%。

氨氮浓度为 1.47mg/L 的标准溶液，重复性限为 0.024mg/L，再现性限为 0.066mg/L，回收率在 95% ~105%。

10　质量保证和质量控制

10.1　试剂空白的吸光度应不超过 0.030（10mm 比色皿）

10.2　纳氏试剂的配制

为了保证纳氏试剂有良好的显色能力，配制时务必控制 $HgCl_2$ 的加入量，至微量 HgI_2 红色沉淀不再溶解时为止。配制 100mL 纳氏试剂所需 $HgCl_2$ 与 KI 的用量之比约为 2.3 : 5。在配制时为了加快反应速度、节省配制时间，可低温加热进行，防止 Hgl_2 红色沉淀的提前出现。

10.3　酒石酸钾钠的配制

酒石酸钾钠试剂中铵盐含量较高时，仅加热煮沸或加纳氏试剂沉淀不能完全除去氨。此时采用加入少量氢氧化钠溶液，煮沸蒸发掉溶液体积的 20% ~30%，冷却后用无氨水稀释至原体积。

10.4　絮凝沉淀

滤纸中含有一定量的可溶性铵盐，定量滤纸中含量高于定性滤纸，建议采用定性滤纸过滤，过滤前用无氨水少量多次淋洗（一般为 100mL）。这样可减少或避免滤纸引入的测量误差。

10.5　水样的预蒸馏

蒸馏过程中，某些有机物很可能与氨同时馏出，对测定有干扰，其中有些物质（如甲醛）可以在酸性条件（$pH < 1$）下煮沸除去。在蒸馏刚开始时，氨气蒸出速度较快，加热不能过快，否则造成水样暴沸，馏出液温度升高，氨吸收不完全。馏出液速率应保持在 10mL/min 左右。

蒸馏过程中，某些有机物很可能与氨同时馏出，对测定仍有干扰，其中有些物质（如甲醛）可以在酸性条件（$pH < 1$）下煮沸除去。

部分工业废水，可加入石蜡碎片等做防沫剂。

10.6　蒸馏器清洗

向蒸馏烧瓶中加入 350mL 水，加数粒玻璃珠，装好仪器，蒸馏到至少收集了 100mL 水，将馏出液及瓶内残留液弃去。

二、亚硝酸盐氮测量方法——GB 7493—1987

水质　亚硝酸盐氮的测定　分光光度法（GB 7493—1987）

本标准等效采用 ISO 6777—1984《水质　亚硝酸盐氮测定　分子吸收分光光度法》。

本标准根据我国标准的格式对 ISO 6777—1984 标准技术上稍作修改和补充。

1　适用范围

本标准规定了用分光光度法测定饮用水、地下水、地面水及废水中亚硝酸盐氮的方法。

1.1　测定上限

当试份取最大体积（50mL）时，用本方法可以测定亚硝酸盐氮浓度高达 0.20mg/L。

1.2　最低检出浓度

采用光程长为 10mm 的比色皿，试份体积为 50mL，以吸光度 0.01 单位所对应的浓度值为最低检出限浓度，此值为 0.003mg/L。

采用光程长为 30mm 的比色皿，试份体积为 50mL，最低检出浓度为 0.001mg/L。

1.3　灵敏度

采用光程长为10mm的比色皿,试份体积为50mL时,亚硝酸盐氮浓度 c_N =0.20mg/L,给出的吸光度约为0.67单位。

1.4　干扰

当试样pH≥11时,可能遇到某些干扰,遇此情况,可向试份中加入酚酞溶液(3.12)1滴,边搅拌边逐滴加入磷酸溶液(3.4),至红色刚消失。经此处理,则在加入显色剂后,体系pH值为1.8±0.3,而不影响测定。

试样如有颜色和悬浮物,可向每100mL试样中加入2mL氢氧化铝悬浮液(3.9),搅拌,静置,过滤,弃去25mL初滤液后,再取试份测定。

水样中常见的可能产生干扰物质的含量范围见附录A。其中氯胺、氯、硫代硫酸盐、聚磷酸钠和三价铁离子有明显干扰。

2　原理

在磷酸介质中,pH值为1.8时,试份中的亚硝酸根离子与4-氨基苯磺酰胺(4-aminobenzene sulfonamide)反应生成重氮盐,它再与N-(1-萘基)-乙二胺二盐酸盐[N-(1-naphthyl)-1,2′-diaminoethane dihydrochlo-ride]偶联生成红色染料,在540nm波长处测定吸光度。如果使用光程长为10mm的比色皿,亚硝酸盐氮的浓度在0.2mg/L以内其呈色符合比尔定律。

3　试剂

在测定过程中,除非另有说明,均使用符合国家标准或专业标准的分析纯试剂,实验用水均为无亚硝酸盐的二次蒸馏水。

3.1　实验用水

采用下列方法之一进行制备:

3.1.1　加入高锰酸钾结晶少许于1L蒸馏水中,使成红色,加氢氧化钡(或氢氧化钙)结晶至溶液呈碱性,使用硬质玻璃蒸馏器进行蒸馏,弃去最初的50mL馏出液,收集约700mL不含锰盐的馏出液,待用。

3.1.2　于1L蒸馏水中加入硫酸(3.3)1mL、硫酸锰溶液[每100mL水中含有36.4g硫酸锰($MnSO_4 \cdot H_2O$)]0.2mL,滴加0.04%(V/V)高锰酸钾溶液至呈红色(约1~3mL),使用硬质玻璃蒸馏器进行蒸馏,弃去最初的50mL馏出液,收集约700mL不含锰盐的馏出液,待用。

3.2　磷酸:15mol/L,ρ=1.70g/mL。

3.3　硫酸:18mol/L,ρ=1.84g/mL。

3.4　磷酸:1+9溶液(1.5mol/L)。

溶液至少可稳定6个月。

3.5　显色剂。

500mL烧杯内置入250mL水和50mL磷酸(3.2),加入20.0g 4-氨基苯磺酰胺($NH_2C_6H_4SO_2NH_2$)。再将1.00gN-(1-萘基)-乙二胺二盐酸盐($C_{10}H_7NHC_2H_4NH_2 \cdot 2HCl$)溶于上述溶液中,转移至500mL容量瓶中,用水稀至标线,摇匀。

此溶液贮存于棕色试剂瓶中,保存在2~5℃,至少可稳定一个月。

注:本试剂有毒性,避免与皮肤接触或吸入体内。

3.6　亚硝酸盐氮标准贮备溶液:c_N=250mg/L。

3.6.1　贮备溶液的配制

称取1.232g亚硝酸钠($NaNO_2$),溶于150mL水中,定量转移至1000mL容量瓶中,用水稀释至标线,摇匀。

本溶液贮存在棕色试剂瓶中,加入1mL氯仿,保存在2~5℃,至少稳定一个月。

3.6.2　贮备溶液的标定

在300mL具塞锥形瓶中,移入高锰酸钾标准溶液(3.10)50.00mL、硫酸(3.3)5mL,用50mL无分度吸管,使下端插入高锰酸钾溶液液面下,加入亚硝酸盐氮标准贮备溶液50.00mL,轻轻摇匀,置于水浴上加热至70～80℃，按每次10.00mL的量加入足够的草酸钠标准溶液（3.11），使高锰酸钾标准溶液褪色并使过量，记录草酸钠标准溶液用量 V_2，然后用高锰酸钾标准溶液（3.10）滴定过量草酸钠至溶液呈微红色，记录高锰酸钾标准溶液总用量 V_1。

再以50mL实验用水代替亚硝酸盐氮标准储备溶液，如上操作，用草酸钠标准溶液标定高锰酸钾溶液的浓度 c_1。

按式（附2-1）计算高锰酸钾标准溶液浓度 c_1（$1/5KMnO_4$ mol/L）：

$$c_1 = \frac{0.0500 \times V_4}{V_3} \tag{附2-1}$$

式中：V_3——滴定实验用水时加入高锰酸钾标准溶液总量，mL；

V_4——滴定实验用水时加入草酸钠标准溶液总量，mL；

0.0500——草酸钠标准溶液浓度 $c(1/2Na_2C_2O_4)$，mol/L。

按式（附2-2）计算亚硝酸盐氮标准贮备溶液的浓度 c_N（mg/L）：

$$c_N = \frac{(V_1c_1 - 0.0500V_2) \times 7.00 \times 1000}{50.00} = 140V_1c_1 - 7.00V_2 \tag{附2-2}$$

式中：V_1——滴定亚硝酸盐氮标准贮备溶液时加入高锰酸钾标准溶液总量，mL；

V_2——滴定亚硝酸盐氮标准贮备溶液时加入草酸钠标准溶液总量，mL；

c_1——经标定的高锰酸钾标准溶液的浓度，mol/L；

7.00——亚硝酸盐氮（1/2N）的摩尔质量；

50.00——亚硝酸盐氮标准贮备溶液取样量，mL；

0.0500——草酸钠标准溶液浓度 $c(1/2Na_2C_2O_4)$，mol/L。

3.7　亚硝酸盐氮中间标准液：c_N = 50.0mg/L。

取亚硝酸盐氮标准贮备溶液（3.6）50.00mL置250mL容量瓶中，用水稀释至标线，摇匀。

此溶液贮于棕色瓶内，保存在2～5℃，可稳定一星期。

3.8　亚硝酸盐氮标准工作液，c_N = 1.00mg/L。

取亚硝酸盐氮中间标准液（3.7）10.00mL于500mL容量瓶内，水稀释至标线，摇匀。

此溶液使用时，当天配制。

注：亚硝酸盐氮中间标准液和标准工作液的浓度值，应采用贮备溶液标定后的准确浓度的计算值。

3.9　氢氧化铝悬浮液。

溶解125g硫酸铝钾[$KAl(SO_4)_2 \cdot 12H_2O$]或硫酸铝铵[$NH_4Al(SO_4)_2 \cdot 12H_2O$]于1L一次蒸馏水中，加热至60℃，在不断搅拌下，徐徐加入55mL浓氢氧化铵，放置约1h后，移入1L量筒内，用一次蒸馏水反复洗涤沉淀，最后用实验用水洗涤沉淀，直至洗涤液中不含亚硝酸盐为止。澄清后，把上清液尽量全部倾出，只留稠的悬浮物，最后加入100mL水。使用前应振荡均匀。

3.10　高锰酸钾标准溶液：$c(1/5KMnO_4)$ = 0.050mol/L。

溶解1.6g高锰酸钾（$KMnO_4$）于1.2L水中（一次蒸馏水），煮沸0.5～1h，使体积减少到1L左右，放置过夜，用G－3号玻璃砂芯滤器过滤后，滤液贮存于棕色试剂瓶中避光保存。高锰酸钾标准溶液浓度按3.6.2第二段所述方法进行标定和计算。

3.11　草酸钠标准溶液；$c(1/2\ Na_2C_2O_4)$ = 0.0500mol/L。

溶解经105℃烘干2h的优级纯无水草酸钠（$Na_2C_2O_4$）3.3500 ± 0.0004g于750mL水中，定量转移至1000mL容量瓶中，用水稀释至标线，摇匀。

3.12　酚酞指示剂：c = 10g/L。

0.5g酚酞溶于95%（V/V）乙醇50mL中。

4　仪器

所有玻璃器皿都应用2mol/L盐酸仔细洗净，然后用水彻底冲洗。

常用实验室设备及分光光度计。

5　采样和样品

5.1　采样和样品保存

实验室样品应用玻璃瓶或聚乙烯瓶采集，并在采集后尽快分析，不要超过24h。

若需短期保存(1～2天)，可以在每升实验室样品中加入40mg氯化汞，并保存于2～5℃。

5.2　试样的制备

实验室样品含有悬浮物或带有颜色时，需按照1.4第二段所述的方法制备试样。

6　步骤

6.1　试份

试份最大体积为50.0mL，可测定亚硝酸盐氮浓度高至0.20mg/L。浓度更高时，可相应用较少量的样品或将样品进行稀释后，再取样。

6.2　测定

用无分度吸管将选定体积的试份移至50mL比色管(或容量瓶)中，用水稀释至标线，加入显色剂(3.5)1.0mL，密塞，摇匀，静置，此时pH值应为1.8±0.3。

加入显色剂20min后、2h以内，在540nm的最大吸光度波长处，用光程长10mm的比色皿，以实验用水做参比，测量溶液吸光度。

注：最初使用本方法时，应校正最大吸光度的波长，以后的测定均应用此波长。

6.3　空白试验

按6.2所述步骤进行空白试验，用50mL水代替试份。

6.4　色度校正

如果实验室样品经5.2的方法制备的试样还具有颜色时，按6.2所述方法，从试样中取相同体积的第二份试份，进行测定吸光度，只是不加显色剂(3.5)，改加磷酸(3.4)1.0mL。

6.5　校准

在一组六个50mL比色管(或容量瓶)内，分别加入亚硝酸盐氮标准工作液(3.8)0、1.00、3.00、5.00、7.00和10.00mL，用水稀释至标线，然后按6.2第二段开始到末了叙述的步骤操作。

从测得的各溶液吸光度，减去空白试验吸光度，得校正吸光度A_r，绘制以氮含量(μg)对校正吸光度的校准曲线，亦可按线性回归方程的方法，计算校准曲线方程。

7　结果表示

7.1　计算方法

试份溶液吸光度的校正值A_r按式(附2-3)计算：

$$A_r = A_s - A_b - A_c \tag{附2-3}$$

式中：A_s——试份溶液测得吸光度；

A_b——空白试验测得吸光度；

A_c——色度校正测得吸光度。

由校正吸光度A_r值，从校准曲线上查得(或由校准曲线方程计算)相应的亚硝酸盐氮的含量m_N(μg)。

试份的亚硝酸盐氮浓度按式(附2-4)计算。

$$c_N = \frac{m_N}{V} \tag{附2-4}$$

式中：c_N——亚硝酸盐氮浓度，mg/L；

m_N——相应于校正吸光度A_r的亚硝酸盐氮含量，μg；

V——取试份体积，mL。

试份体积为50mL时，结果以三位小数表示。

7.2　精密度和准确度

7.2.1　取平行双样测定结果的算术平均值为测定结果。

7.2.2　23 个实验室测定亚硝酸盐氮浓度为 7.46×10^{-2}mg/L 的试样，重复性为 1.1×10^{-3}mg/L，再现性为 3.7×10^{-3}mg/L，加标百分回收率范围为 96% ~104%。

15 个实验室测定亚硝酸盐氮浓度为 6.19×10^{-2}mg/L 的试样，重复性为 2.0×10^{-3}mg/L，再现性为 3.7×10^{-3}mg/L，加标百分回收率范围为 93% ~103%。

三、硝酸盐氮测量方法——GB 7480—1987

水质　硝酸盐氮的测定　酚二磺酸分光光度法(GB 7480—1987)

1　适用范围

本标准适用于测定饮用水、地下水和清洁地面水中的硝酸盐氮。

1.1　测定范围

本方法适用于测定硝酸盐氮浓度范围在 0.02 ~2.0mg/L 之间。浓度更高时，可分取较少的试份测定。

1.2　最低检出浓度

采用光程为 30mm 的比色皿，试份体积为 50mL 时，最低检出浓度为 0.02mg/L。

1.3　灵敏度

当使用光程为 30mm 的比色皿，试份体积为 50mL，硝酸盐氮含量为 0.60mg/L 时，吸光度约 0.6 单位。

使用光程为 10mm 的比色皿，试份体积为 50mL，硝酸盐氮含量为 2.0mg/L 时，其吸光度约 0.7 单位。

1.4　干扰

水中含氯化物、亚硝酸盐、铵盐，有机物和碳酸盐时，可产生干扰。含此类物质时，应作适当的前处理，以消除对测定的影响。

2　原理

硝酸盐在无水情况下与酚二磺酸反应，生成硝基二磺酸酚，在碱性溶液中，生成黄色化合物，于 410nm 波长处进行分光光度测定。

3　试剂

本标准所用试剂除另有说明外，均为分析纯试剂，实验中所用的水，均应用蒸馏水或同等纯度的水。

3.1　硫酸：ρ =1.84g/mL。

3.2　发烟硫酸($H_2SO_4\cdot SO_3$)：含 13% 三氧化硫(SO_3)。

注：(1)发烟硫酸在室温较低时凝固，取用时，可先在 40 ~50℃隔水浴中加温使熔化，不能将盛装发烟硫酸的玻璃瓶直接置入水浴中，以免瓶裂引起危险。

(2)发烟硫酸中含三氧化硫(SO_3)浓度超过 13% 时，可用硫酸(3.1)按计算量进行稀释。

3.3　酚二磺酸[$C_6H_3(OH)(SO_3H)_2$]。

称取 25g 苯酚置于 500mL 锥形瓶中，加 150mL 硫酸(3.1)使之溶解，再加 75mL 发烟硫酸(3.2)，充分混合。瓶口插一小漏斗，置瓶于沸水浴中加热 2h，得淡棕色稠液，贮于棕色瓶中，密塞保存。

注：(1)当苯酚色泽变深时，应进行蒸馏精制。

(2)无发烟硫酸时，亦可用硫酸(3.1)代替，但应增加在沸水浴中加热时间至 6h，制得的试剂尤应注意防止吸收空气中的水分，以免因硫酸浓度的降低，影响硝基化反应的进行，使测定结果偏低。

3.4　氨水($NH_3\cdot H_2O$)：ρ =0.90g/mL。

3.5　硝酸盐氮标准溶液：c_N =100mg/L。

将 0.7218g 经 105 ~110℃干燥 2h 的硝酸钾(KNO_3)溶于水中，移入 1000mL 容量瓶，用水稀释至标线、混匀。加 2mL 氯仿作保存剂，至少可稳定 6 个月。

每毫升本标准溶液含 0.10mg 硝酸盐氮。

3.6　硝酸盐氮标准溶液：$c_N = 10.0mg/L$。

吸取 50.0mL 硝酸盐氮标准溶液（3.5），置蒸发皿内，加氢氧化钠溶液（3.9）使调至 pH = 8，在水浴上蒸发至干。加 2mL 酚二磺酸试剂（3.3），用玻璃棒研磨蒸发皿内壁，使残渣与试剂充分接触，放置片刻，重复研磨一次，放置 10min，加入少量水，定量移入 500mL 容量瓶中，加水至标线，混匀。

每毫升本标准溶液含 0.010mg 硝酸盐氮。

贮于棕色瓶中，此溶液至少稳定 6 个月。

注：本标准溶液应同时制备两份，如发现浓度存在差异时，应重新吸取硝酸盐氮标准溶液（3.5）进行制备。

3.7　硫酸银溶液。

称取 4.397g 硫酸银（Ag_2SO_4）溶于水，稀释至 1000mL。

1.00mL 此溶液可去除 1.00mg 氯离子（Cl^-）。

3.8　硫酸溶液：0.5mol/L。

3.9　氢氧化钠溶液：0.1mol/L。

3.10　EDTA 二钠溶液。

称取 50gEDTA 二钠盐的二水合物（$C_{10}H_{14}N_2O_3Na_2 \cdot 2H_2O$），溶于 20mL 水中，使调成糊状，加入 60mL 氨水（3.4）充分混合，使之溶解。

3.11　氢氧化铝悬浮液。

称取 125g 硫酸铝钾［$KAl(SO_4)_2 \cdot 12H_2O$］或硫酸铝铵［$NH_4Al(SO_4)_2 \cdot 12H_2O$］溶于 1L 水中，加热到 60℃，在不断搅拌下徐徐加入 55mL 氨水（3.4），使生成氢氧化铝沉淀，充分搅拌后静置，弃去上清液。反复用水洗涤沉淀，至倾出液无氯离子和铵盐。最后加入 300mL 水使成悬浮液。

使用前振摇均匀。

3.12　高锰酸钾溶液；3.16g/L。

4　仪器

常用实验室仪器具：

4.1　瓷蒸发皿：75 ~ 100mL 容量。

4.2　具塞比色管：50mL。

4.3　分光光度计：适用于测量波长 410nm，并配有光程 10mm 和 30mm 的比色皿。

5　采样和样品

按照国家标准规定及根据待测水的类型提出的特殊建议进行采样。

实验室样品可贮于玻璃瓶或聚乙烯瓶中。

硝酸盐氮的测定应在水样采集后立即进行，必要时，应保存在 4℃下，但不得超过 24h。

6　步骤

6.1　试份体积的选择

最大试份体积为 50mL，可测定硝酸盐氮浓度至 2.0mg/L。

6.2　空白试验

取 50mL 水，以与试份测定完全相同的步骤、试剂和用量，进行平行操作。

6.3　干扰的排除

6.3.1　带色物质

取 100mL 试样移入 100mL 具塞量筒中，加 2mL 氢氧化铝悬浮液（3.11），密塞充分振摇，静置数分钟澄清后，过滤，弃去最初滤液的 20mL。

6.3.2　氯离子

取 100mL 试样移入 100mL 具塞量筒中，根据已测定的氯离子含量，加入相当量的硫酸银溶液（3.7），充分混合,在暗处放置 30min,使氯化银沉淀凝聚,然后用慢速滤纸过滤,弃去最初滤液 20mL。

注:(1)如不能获得澄清滤液,可将已加过硫酸银溶液后的试样在近 80℃的水浴中加热,并用力振摇,使沉淀充分凝聚,冷却后再进行过滤。

(2)如同时需去除带色物质,则可在加入硫酸银溶液并混匀后,再加入 2mL 氢氧化铝悬浮液,充分振摇,放置片刻待沉淀后,过滤。

6.3.3 亚硝酸盐

当亚硝酸盐氮含量超过 0.2mg/L 时,可取 100mL 试样,加 1mL 硫酸溶液(3.8),混匀后,滴加高锰酸钾溶液(3.12),至淡红色保持 15min 不褪为止,使亚硝酸盐氧化为硝酸盐,最后从硝酸盐氮测定结果中减去亚硝酸盐氮量。

6.4 测定

6.4.1 蒸发

取 50.0mL 试份入蒸发皿中,用 pH 试纸检查,必要时用硫酸溶液(3.8)或氢氧化钠溶液(3.9),调节至微碱性(pH≈8),置水浴上蒸发至干。

6.4.2 硝化反应

加 1.0mL 酚二磺酸试剂(3.3),用玻璃棒研磨,使试剂与蒸发皿内残渣充分接触,放置片刻,再研磨一次,放置 10min,加入约 10mL 水。

6.4.3 显色

在搅拌下加入 3~4mL 氨水(3.4),使溶液呈现最深的颜色。如有沉淀产生,过滤;或滴加 EDTA 二钠溶液(3.10),并搅拌至沉淀溶解。将溶液移入比色管(4.2)中,用水稀释至标线,混匀。

6.4.4 分光光度测定

于 410nm 波长,选用合适光程长的比色皿,以水为参比,测量溶液的吸光度。

6.5 校准

6.5.1 校准系列的制备

用分度吸管向一组 10 支 50mL 比色管中,加入硝酸盐氮标准溶液,所加体积如附表 3-1,加水至约 40mL,加 3mL 氨水(3.4)使成碱性,再加水至标线,混匀。

按 6.4.4 进行分光光度测定。所用比色皿的光程长亦如附表 3-1 所示。

校准系列中所用标准溶液体积 附表 3-1

标准溶液(3.6)体积(mL)	硝酸盐氮含量(mg)	比色皿光程长(mm)
0	0	10、30
0.10	0.001	30
0.30	0.003	30
0.50	0.005	30
0.70	0.007	30
1.00	0.010	10、30
3.00	0.030	10
5.00	0.050	10
7.00	0.070	10
10.0	0.10	10

6.5.2 校准曲线的绘制

由除零管外的其他校准系列测得的吸光度值减去零管的吸光度值,分别绘制不同比色皿光程长的吸光度对硝酸盐氮含量(mg)的校准曲线。

7　结果的表示

7.1　计算方法

试份中硝酸盐氮的吸光度 A_r 用式(附 3-1)计算:

$$A_r = A_s - A_b \qquad (附3\text{-}1)$$

式中:A_s——试份溶液(6.4)的吸光度;

A_b——空白试验溶液(6.2)的吸光度。

注:对某种特定样品,A_s 和 A_b 应在同一种光程长的比色皿中测定。

硝酸盐氮含量 c_N mg/L 表示。

7.1.1　未经去除氯离子的试样,按式(附 3-2)计算:

$$c_N = \frac{m}{V} \times 1000 \qquad (附3\text{-}2)$$

式中:m——硝酸盐氮质量,mg,由 A_r 值和相应比色皿光程的校准曲线(6.5.2)确定;

V——试份体积,mL;

1000——换算为每升试样计。

7.1.2　经去除氯离子的试样,按式(附 3-3)计算:

$$c_N = \frac{m}{V} \times 1000 \times \frac{V_1 + V_2}{V_1} \qquad (附3\text{-}3)$$

式中:V_1——供去氯离子的试样取用量,mL;

V_2——硫酸银溶液加入量,mL。

7.2　精密度和准确度

7.2.1　经 5 个实验室的分析方法协作试验结果如下:

7.2.1.1　实验室内

浓度范围为 0.2 ~ 0.4mg/L 的加标地面水,最大总相对标准偏差 6.4%,回收率平均值 78%。

浓度范围 1.8 ~ 2.0mg/L 的加标地面水,最大总相对标准偏差 5.4%,回收率平均值 98.6%。

7.2.1.2　实验室间

a. 分析含硝酸盐氮 1.20mg/L 的统一分发标准样,实验室间总相对标准偏差为 9.4%,相对误差为 -6.7%。

b. 52 个实验室测定含硝酸盐氮 1.59mg/L 的合成水样,相对标准偏差为 11.0%,相对误差为 8.8%。

四、总氮测量方法——HJ 636—2012

水质　总氮的测定　碱性过硫酸钾消解紫外分光光度法(HJ 636—2012)

1　适用范围

本标准规定了测定水中总氮的碱性过硫酸钾消解紫外分光光度法。

本标准适用于地表水、地下水、工业废水和生活污水中总氮的测定。

当样品量为 10mL 时,本方法的检出限为 0.05mg/L,测定范围为 0.20 ~ 7.00mg/L。

2　规范性引用文件

本标准内容引用了下列文件或其中的条款。凡是不注明日期的引用文件,其有效版本适用于本标准。

HJ/T 91　地表水和污水监测技术规范

HJ/T 164　地下水环境监测技术规范

3　术语和定义

下列术语和定义适用于本标准。

总氮 total nitrogen(TN)

指在本标准规定的条件下,能测定的样品中溶解态氮及悬浮物中氮的总和,包括亚硝酸盐氮、硝酸盐氮、无机铵盐、溶解态氨及大部分有机含氮化合物中的氮。

4 方法原理

在120~124℃下,碱性过硫酸钾溶液使样品中含氮化合物的氮转化为硝酸盐,采用紫外分光光度法于波长220nm和275nm处,分别测定吸光度 A_{220} 和 A_{275},按公式(附4-1)计算校正吸光度A,总氮(以N计)含量与校正吸光度A成正比。

$$A = A_{220} - 2A_{275} \tag{附4-1}$$

5 干扰和消除

5.1 当碘离子含量相对于总氮含量的2.2倍以上,溴离子含量相对于总氮含量的3.4倍以上时,对测定产生干扰。

5.2 水样中的六价铬离子和三价铁离子对测定产生干扰,可加入5%盐酸羟胺溶液1~2mL消除。

6 试剂和材料

除非另有说明,分析时均使用符合国家标准的分析纯试剂,实验用水为无氨水(6.1)。

6.1 无氨水。

每升水中加入0.10mL浓硫酸蒸馏,收集馏出液于具塞玻璃容器中。也可使用新制备的去离子水。

6.2 氢氧化钠(NaOH)。

含氮量小于0.0005%的氢氧化钠。

6.3 过硫酸钾($K_2S_2O_8$)。

含氮量小于0.0005%的过硫酸钾。

6.4 硝酸钾(KNO_3):基准试剂或优级纯。

在105~110℃下烘干2h,在干燥器中冷却至室温。

6.5 浓盐酸:$\rho(HCl) = 1.19g/mL$。

6.6 浓硫酸:$\rho(H_2SO_4) = 1.84g/mL$。

6.7 盐酸溶液:1+9。

6.8 硫酸溶液:1+35。

6.9 氢氧化钠溶液:$\rho(NaOH) = 200g/L$。

称取20.0g氢氧化钠(6.2)溶于少量水中,稀释至100mL。

6.10 氢氧化钠溶液:$\rho(NaOH) = 20g/L$。

量取氢氧化钠溶液(6.9)10.0mL,用水稀释至100mL。

6.11 碱性过硫酸钾溶液。

称取40.0g过硫酸钾(6.3)溶于600mL水中(可置于50℃水浴中加热至全部溶解);另称取15.0g氢氧化钠(6.2)溶于300mL水中。待氢氧化钠溶液温度冷却至室温后,混合两种溶液定容至1000mL,存放于聚乙烯瓶中,可保存一周。

6.12 硝酸钾标准储备液:$\rho(N) = 100mg/L$。

称取0.7218g硝酸钾(6.4)溶于适量水,移至1000mL容量瓶中,用水稀释至标线,混匀。加入1~2mL三氯甲烷作为保护剂,在0~10℃暗处保存,可稳定6个月。也可直接购买市售有证标准溶液。

6.13 硝酸钾标准使用液:$\rho(N) = 10.0mg/L$。

量取10.00mL硝酸钾标准贮备液(6.12)至100mL容量瓶中,用水稀释至标线,混匀,临用现配。

7 仪器和设备

7.1 紫外分光光度计:具10mm石英比色皿。

7.2 高压蒸汽灭菌器:最高工作压力不低于1.1~1.4kg/cm²;最高工作温度不低于120~124℃。

7.3 具塞磨口玻璃比色管:25mL。

7.4 一般实验室常用仪器和设备。

8 样品

8.1 样品的采集和保存

参照 HJ/T91 和 HJ/T164 的相关规定采集样品。

将采集好的样品贮存在聚乙烯瓶或硬质玻璃瓶中,用浓硫酸(6.6)调节 pH 值至 1 ~2,常温下可保存 7d。贮存在聚乙烯瓶中,-20℃冷冻,可保存一个月。

8.2 试样的制备

取适量样品用氢氧化钠溶液(6.10)或硫酸溶液(6.8)调节 pH 值至 5 ~9,待测。

9 分析步骤

9.1 校准曲线的绘制

分别量取 0.00、0.20、0.50、1.00、3.00 和 7.00mL 硝酸钾标准使用液(6.13)于 25mL 具塞磨口玻璃比色管中,其对应的总氮(以 N 计)含量分别为 0.00、2.00、5.00、10.0、30.0 和 70.0μg。加水稀释至10.00mL,再加入 5.00mL 碱性过硫酸钾溶液(6.11),塞紧管塞,用纱布和线绳扎紧管塞,以防弹出。将比色管置于高压蒸汽灭菌器中,加热至顶压阀吹气,关阀,继续加热至 120℃开始计时,保持温度在 120 ~124℃之间 30min。自然冷却、开阀放气,移去外盖,取出比色管冷却至室温,按住管塞将比色管中的液体颠倒混匀 2 ~3 次。

注:若比色管在消解过程中出现管口或管塞破裂,应重新取样分析。

每个比色管分别加入 1.0mL 盐酸溶液(6.7),用水稀释至 25mL 标线,盖塞混匀。使用 10mm 石英比色皿,在紫外分光光度计上,以水作参比,分别于波长 220nm 和 275nm 处测定吸光度。零浓度的校正吸光度 A_b、其他标准系列的校正吸光度 A_s 及其差值 A_r 按公式(附 4-2)、(附 4-3)和(附 4-4)进行计算。以总氮(以 N 计)含量(μg)为横坐标,对应的 A_r 值为纵坐标,绘制校准曲线。

$$A_b = A_{b220} - 2A_{b275} \quad \text{(附 4-2)}$$

$$A_s = A_{s220} - 2A_{s275} \quad \text{(附 4-3)}$$

$$A_r = A_s - A_b \quad \text{(附 4-4)}$$

式中:A_b——零浓度(空白)溶液的校正吸光度;

A_{b220}——零浓度(空白)溶液于波长 220nm 处的吸光度;

A_{b275}——零浓度(空白)溶液于波长 275nm 处的吸光度;

A_s——标准溶液的校正吸光度;

A_{s220}——标准溶液于波长 220nm 处的吸光度;

A_{s275}——标准溶液于波长 275nm 处的吸光度;

A_r——标准溶液校正吸光度与零浓度(空白)溶液校正吸光度的差。

9.2 测定

量取 10.00mL 试样(8.2)于 25mL 具塞磨口玻璃比色管中,按照 9.1 步骤进行测定。

注:试样中的含氮量超过 70μg 时,可减少取样量并加水稀释至 10.00mL。

9.3 空白试验

用 10.00mL 水代替试样,按照 9.2 步骤进行测定。

10 结果计算与表示

10.1 结果计算

参照公式(附 4-2) ~ (附 4-4)计算试样校正吸光度和空白试验校正吸光度差值 A_r,样品中总氮的质量浓度 ρ(mg/L)按公式(附 4-5)进行计算。

$$\rho = \frac{(A_r - a) \times f}{bV} \quad \text{(附 4-5)}$$

式中:ρ——样品中总氮(以 N 计)的质量浓度,mg/L;

A_r——试样的校正吸光度与空白试验校正吸光度的差值;

a——校准曲线的截距;

b——校准曲线的斜率；

V——试样体积，mL；

f——稀释倍数。

10.2　结果表示

当测定结果小于1.00mg/L时，保留到小数点后两位；大于等于1.00mg/L时，保留三位有效数字。

11　精密度和准确度

11.1　精密度

6家实验室对总氮质量浓度为0.20、1.52和4.78mg/L的统一样品进行了测定，实验室内相对标准偏差分别为：4.1%～13.8%，0.6%～4.3%，0.8%～3.4%；实验室间相对标准偏差分别为：8.4%，2.7%，1.8%；重复性限分别为：0.06mg/L，0.14mg/L，0.27mg/L；再现性限分别为：0.07mg/L，0.17mg/L，0.35mg/L。

11.2　准确度

6家实验室对总氮质量浓度分别为（1.52±0.10）mg/L和（4.78±0.34）mg/L的有证标准样品进行了测定，相对误差分别为：1.3%～5.3%，0.2%～4.2%；相对误差最终值（$\overline{RE} \pm 2S_{\overline{RE}}$）分别为：2.6%±2.8%，1.5%±3.2%。

12　质量保证和质量控制

12.1　校准曲线的相关系数r应大于等于0.999。

12.2　每批样品应至少做一个空白试验，空白试验的校正吸光度A_b应小于0.030。超过该值时应检查实验用水、试剂（主要是氢氧化钠和过硫酸钾）纯度、器皿和高压蒸汽灭菌器的污染状况。

12.3　每批样品应至少测定10%的平行双样，样品数量少于10时，应至少测定一个平行双样。当样品总氮含量≤1.00mg/L时，测定结果相对偏差应≤10%；当样品总氮含最>1.00mg/L时，测定结果相对偏差应≤5%。测定结果以平行双样的平均值报出。

12.4　每批样品应测定一个校准曲线中间点浓度的标准溶液，其测定结果与校准曲线该点浓度的相对误差应≤10%。否则，需重新绘制校准曲线。

12.5　每批样品应至少测定10%的加标样品，样品数量少于10时，应至少测定一个加标样品，加标回收率应在90%～110%之间。

13　注意事项

13.1　某些含氮有机物在本标准规定的测定条件下不能完全转化为硝酸盐。

13.2　测定应在无氨的实验室环境中进行，避免环境交叉污染对测定结果产生影响。

13.3　实验所用的器皿和高压蒸汽灭菌器等均应无氮污染。实验中所用的玻璃器皿应用盐酸溶液（6.7）或硫酸溶液（6.8）浸泡，用自来水冲洗后再用无氨水冲洗数次，洗净后立即使用。高压蒸汽灭菌器应每周清洗。

13.4　在碱性过硫酸钾溶液配制过程中，温度过高会导致过硫酸钾分解失效，因此要控制水浴温度在60℃以下，而且应待氢氧化钠溶液温度冷却至室温后，再将其与过硫酸钾溶液混合、定容。

13.5　使用高压蒸汽灭菌器时，应定期检定压力表，并检查橡胶密封圈密封情况，避免因漏气而减压。

五、总磷测量方法——GB 11893—1989

水质　总磷的测定　钼酸铵分光光度法（GB 11893—1989）

1　主题内容与适用范围

本标准规定了用过硫酸钾（或硝酸—高氯酸）为氧化剂，将未经过滤的水样消解，用钼酸铵分光光度测定总磷的方法。

总磷包括溶解的、颗粒的、有机的和无机磷。

本标准适用于地面水、污水和工业废水。

取25mL试料,本标准的最低检出浓度为0.01mg/L,测定上限为0.6mg/L。

在酸性条件下,砷、铬、硫干扰测定。

2　原理

在中性条件下用过硫酸钾(或硝酸—高氯酸)使试样消解,将所含磷全部氧化为正磷酸盐。在酸性介质中,正磷酸盐与钼酸铵反应,在锑盐存在下生成磷钼杂多酸后,立即被抗坏血酸还原,生成蓝色的络合物。

3　试剂

本标准所用试剂除另有说明外,均应使用符合国家标准或专业标准的分析试剂和蒸馏水或同等纯度的水。

3.1　硫酸(H_2SO_4),密度为1.84g/mL。

3.2　硝酸(HNO_3),密度为1.4g/mL。

3.3　高氯酸($HClO_4$),优级纯,密度为1.68g/mL。

3.4　硫酸(H_2SO_4),1+1。

3.5　硫酸,约$c\left(\frac{1}{2}H_2SO_4\right)=1mol/L$:将27mL硫酸(3.1)加入到973mL水中。

3.6　氢氧化钠(NaOH),1mol/L溶液:将40g氢氧化钠溶于水并稀释至1000mL。

3.7　氢氧化钠(NaOH),6mol/L溶液:将240g氢氧化钠溶于水并稀释至1000mL。

3.8　过硫酸钾,50g/L溶液:将5g过硫酸钾($K_2S_2O_8$)溶解于水,并稀释至100mL。

3.9　抗坏血酸,100g/L溶液:溶解10g抗坏血酸($C_6H_8O_6$)于水中,并稀释至100mL。

此溶液贮于棕色的试剂瓶中,在冷处可稳定几周。如不变色可长时间使用。

3.10　钼酸盐溶液:溶解13g钼酸铵〔$(NH_4)_6Mo_7O_{24}\cdot 4H_2O$〕于100mL水中。溶解0.35g酒石酸锑钾〔$KSbC_4H_4O_7\cdot\frac{1}{2}H_2O$〕于100mL水中。在不断搅拌下把钼酸铵溶液徐徐加到300mL硫酸(3.4)中,加酒石酸锑钾溶液并且混合均匀。

此溶液贮存于棕色试剂瓶中,在冷处可保存二个月。

3.11　浊度—色度补偿液:混合两个体积硫酸(3.4)和一个体积抗坏血酸溶液(3.9)。

使用当天配制。

3.12　磷标准贮备溶液:称取0.2197±0.001g于110℃干燥2h在干燥器中放冷的磷酸二氢钾(KH_2PO_4),用水溶解后转移至1000mL容量瓶中,加入大约800mL水、加5mL硫酸(3.4)用水稀释至标线并混匀。1.00mL此标准溶液含50.0μg磷。

本溶液在玻璃瓶中可贮存至少六个月。

3.13　磷标准使用溶液:将10.0mL的磷标准溶液(3.12)转移至250mL容量瓶中,用水稀释至标线并混匀。1.00mL此标准溶液含2.0μg磷。

使用当天配制。

3.14　酚酞,10g/L溶液:0.5g酚酞溶于50mL 95%乙醇中。

4　仪器

实验室常用仪器设备和下列仪器。

4.1　医用手提式蒸气消毒器或一般压力锅(1.1~1.4kg/cm^2)。

4.2　50mL具塞(磨口)刻度管。

4.3　分光光度计。

注:所有玻璃器皿均应用稀盐酸或稀硝酸浸泡。

5　采样和样品

5.1　采取500mL水样后加入1mL硫酸(3.1)调节样品的pH值,使之低于或等于1,或不加任何试剂于冷处保存。

注：含磷量较少的水样，不要用塑料瓶采样，因磷酸盐易吸附在塑料瓶壁上。

5.2 试样的制备：

取 25mL 样品(5.1)于具塞刻度管中(4.2)。取时应仔细摇匀，以得到溶解部分和悬浮部分均具有代表性的试样。如样品中含磷浓度较高，试样体积可以减少。

6 分析步骤

6.1 空白试样

按(6.2)的规定进行空白试验，用水代替试样，并加入与测定时相同体积的试剂。

6.2 测定

6.2.1 消解

6.2.1.1 过硫酸钾消解：向(5.2)试样中加 4mL 过硫酸钾(3.8)，将具塞刻度管的盖塞紧后。用一小块布和线将玻璃塞扎紧(或用其他方法固定)，放在大烧杯中置于高压蒸气消毒器(4.1)中加热，待压力达 1.1kg/cm^2，相应温度为 120℃时，保持 30min 后停止加热。待压力表读数降至零后，取出放冷。然后用水稀释至标线。

注：如用硫酸保存水样，当用过硫酸钾消解时，需先将试样调至中性。

6.2.1.2 硝酸-高氯酸消解：取 25mL 试样(5.1)于锥形瓶中，加数粒玻璃珠，加 2mL 硝酸(3.2)在电热板上加热浓缩至 10mL。冷后加 5mL 硝酸(3.2)，再加热浓缩至 10mL，放冷。加 3mL 高氯酸(3.3)，加热至高氯酸冒白烟，此时可在锥形瓶上加小漏斗或调节电热板温度，使消解液在锥形瓶内壁保持回流状态，直至剩下 3～4mL，放冷。

加水 10mL，加 1 滴酚酞指示剂(3.14)。滴加氢氧化钠溶液(3.6 或 3.7)至刚呈微红色，再滴加硫酸溶液(3.5)使微红刚好退去，充分混匀。移至具塞刻度管中(4.2)，用水稀释至标线。

注：①用硝酸-高氯酸消解需要在通风橱中进行。高氯酸和有机物的混合物经加热易发生危险，需将试样先用硝酸消解，然后再加入硝酸-高氯酸进行消解。

②绝不可把消解的试样蒸干。

③如消解后有残渣时，用滤纸过滤于具塞刻度管中，并用水充分清洗锥形瓶及滤纸，一并移到具塞刻度管中。

④水样中的有机物用过硫酸钾氧化不能完全破坏时，可用此法消解。

6.2.2 发色

分别向各份消解液中加入 1mL 抗坏血酸溶液(3.9)混匀，30s 后加 2mL 钼酸盐溶液(3.10)充分混匀。

注：①如试样中含有浊度或色度时，需配制一个空白试样(消解后用水稀释至标线)然后向试料中加入 3mL 浊度——色度补偿液(3.11)，但不加抗坏血酸溶液和钼酸盐溶液。然后从试料的吸光度中扣除空白试料的吸光度。

②砷大于 2mg/L 干扰测定，用硫代硫酸钠去除。硫化物大于 2mg/L 干扰测定，通氮气去除。铬大于 50mg/L 干扰测定，用亚硫酸钠去除。

6.2.3 分光光度测量

室温下放置 15min 后，使用光程为 30mm 比色皿，在 700nm 波长下，以水做参比，测定吸光度。扣除空白试验的吸光度后，从工作曲线(6.2.4)上查得磷的含量。

注：如显色时室温低于 13℃，可在 20～30℃水浴上显色 15min 即可。

6.2.4 工作曲线的绘制

取 7 支具塞刻度管(4.2)分别加入 0.0，0.50，1.00，3.00，5.00，10.0，15.0mL 磷酸盐标准溶液(3.14)。加水至 25mL。然后按测定步骤(6.2)进行处理。以水做参比，测定吸光度。扣除空白试验的吸光度后，和对应的磷的含量绘制工作曲线。

7 结果的表示

总磷含量以 C(mg/L)表示，按下式计算：

$$C = \frac{m}{V} \quad (附 5\text{-}1)$$

式中：m——试样测得含磷量，μg；

V——测定用试样体积,mL。

8　精密度与准确度

8.1　十三个实验室测定(采用6.2.1.1 消解)含磷2.06mg/L的统一样品

8.1.1　重复性

实验室内相对标准偏差为0.75%。

8.1.2　再现性

实验室间相对标准偏差为1.5%。

8.1.3　准确度

相对误差为+1.9%。

8.2　六个实验室测定(采用6.2.1.2 消解)含磷量2.06mg/L的统一样品

8.2.1　重复性

实验室内相对标准偏差为1.4%。

8.2.2　再现性

实验室间相对标准偏差为1.4%。

8.2.3　准确度

相对误差为1.9%。

质控样品主要成分是乙氨酸(NH_2CH_2COOH)和甘油磷酸钠$\left(C_3H_7Na_2O_6P\cdot 5\frac{1}{2}H_2O\right)$。

六、五日生化需氧量BOD_5的测量——HJ 505—2009

水质　五日生化需氧量(BOD_5)的测定　稀释与接种法(HJ 505—2009)

警告:丙烯基硫脲属于有毒化合物,操作时应按规定要求佩戴防护器具,避免接触皮肤和衣服;标准溶液的配制应在通风橱内进行操作;检测后的残渣残液应做妥善的安全处理。

1　适用范围

本标准规定了测定水中五日生化需氧量(BOD_5)的稀释与接种的方法。

本标准适用于地表水、工业废水和生活污水中五日生化需氧量(BOD_5)的测定。

本方法的检出限为0.5mg/L,本方法的测定下限为2mg/L,非稀释法和非稀释接种法的测定上限为6mg/L,稀释与稀释接种法的测定上限为6000mg/L。

2　规范性引用文件

本标准内容引用了下列文件中的条款。凡是不注日期的引用文件,其有效版本适用于本标准。

GB/T 6682　分析实验室用水规格和试验方法

GB/T 7489　水质　溶解氧的测定　碘量法

GB/T 11913　水质　溶解氧的测定　电化学探头法

HJ/T 91　地表水和污水监测技术规范

3　方法原理

生化需氧量是指在规定的条件下,微生物分解水中的某些可氧化的物质,特别是分解有机物的生物化学过程消耗的溶解氧。通常情况下是指水样充满完全密闭的溶解氧瓶中,在(20±1)℃的暗处培养5d±4h或(2+5)d±4h[先在0~4℃的暗处培养2d,接着在(20±1)℃的暗处培养5d,即培养(2+5)d],分别测定培养前后水样中溶解氧的质量浓度,由培养前后溶解氧的质量浓度之差,计算每升样品消耗的溶解氧量,以BOD_5形式表示。

若样品中的有机物含量较多，BOD_5 的质量浓度大于 6mg/L，样品需适当稀释后测定：对不含或含微生物少的工业废水，如酸性废水、碱性废水、高温废水、冷冻保存的废水或经过氯化处理等的废水，在测定 BOD_5 时应进行接种，以引进能分解废水中有机物的微生物。当废水中存在难以被一般生活污水中的微生物以正常的速度降解的有机物或含有剧毒物质时，应将驯化后的微生物引入水样中进行接种。

4　试剂和材料

本标准所用试剂除非另有说明，分析时均使用符合国家标准的分析纯化学试剂。

4.1　水：实验用水为符合 GB/T 6682 规定的 3 级蒸馏水，且水中铜离子的质量浓度不大于 0.01mg/L，不含有氯或氯胺等物质。

4.2　接种液：可购买接种微生物用的接种物质，接种液的配制和使用按说明书的要求操作。也可按以下方法获得接种液。

4.2.1　未受工业废水污染的生活污水：化学需氧量不大于 300mg/L，总有机碳不大于 100mg/L。

4.2.2　含有城镇污水的河水或湖水。

4.2.3　污水处理厂的出水。

4.2.4　分析含有难降解物质的工业废水时，在其排污口下游适当处取水样作为废水的驯化接种液。也可取中和或经适当稀释后的废水进行连续曝气，每天加入少量该种废水，同时加入少量生活污水，使适应该种废水的微生物大量繁殖。当水中出现大量的絮状物时，表明微生物已繁殖，可用作接种液。一般驯化过程需 3～8d。

4.3　盐溶液。

4.3.1　磷酸盐缓冲溶液：将 8.5g 磷酸二氢钾（KH_2PO_4）、21.8g 磷酸氢二钾（K_2HPO_4）、33.4g 七水合磷酸氢二钠（$Na_2HPO_4 \cdot 7H_2O$）和 1.7g 氯化铵（NH_4Cl）溶于水中，稀释至 1000mL，此溶液在 0～4℃可稳定保存 6 个月。此溶液的 pH 值为 7.2。

4.3.2　硫酸镁溶液，$\rho(MgSO_4)$ = 11.0g/L：将 22.5g 七水合硫酸镁（$MgSO_4 \cdot 7H_2O$）溶于水中，稀释至 1000mL，此溶液在 0～4℃可稳定保存 6 个月，若发现任何沉淀或微生物生长应弃去。

4.3.3　氯化钙溶液，$\rho(CaCl_2)$ = 27.6g/L：将 27.6g 无水氯化钙（$CaCl_2$）溶于水中，稀释至 1000mL，此溶液在 0～4℃可稳定保存 6 个月，若发现任何沉淀或微生物生长应弃去。

4.3.4　氯化铁溶液，$\rho(FeCl_3)$ = 0.15g/L：将 0.25g 六水合氯化铁（$FeCl_3 \cdot 6H_2O$）溶于水中，稀释至 1000mL，此溶液在 0～4℃可稳定保存 6 个月，若发现任何沉淀或微生物生长应弃去。

4.4　稀释水：在 5～20L 的玻璃瓶中加入一定量的水，控制水温在（20±1）℃，用曝气装置（5.9）至少曝气 1h，使稀释水中的溶解氧达到 8mg/L 以上。使用前每升水中加入上述四种盐溶液（4.3）各 1.0mL，混匀，20℃保存。在曝气的过程中防止污染，特别是防止带入有机物、金属、氧化物或还原物。

稀释水中氧的质量浓度不能过饱和，使用前需开口放置 1h，且应在 24h 内使用。剩余的稀释水应弃去。

4.5　接种稀释水：根据接种液的来源不同，每升稀释水（4.4）中加入适量接种液（4.2）：城市生活污水和污水处理厂出水加 1～10mL，河水或湖水加 10～100mL，将接种稀释水存放在（20±1）℃的环境中，当天配制当天使用。接种的稀释水 pH 值为 7.2，BOD_5 应小于 1.5mg/L。

4.6　盐酸溶液，$c(HCl)$ = 0.5mol/L：将 40mL 浓盐酸（HCl）溶于水中，稀释至 1000mL。

4.7　氢氧化钠溶液，$c(NaOH)$ = 0.5mol/L：将 20g 氢氧化钠溶于水中，稀释至 1000mL。

4.8　亚硫酸钠溶液，$c(Na_2SO_3)$ = 0.025mol/L：将 1.575g 亚硫酸钠（Na_2SO_3）溶于水中，稀释至 1000mL。此溶液不稳定，需现用现配。

4.9　葡萄糖-谷氨酸标准溶液：将葡萄糖（$C_6H_{12}O_6$，优级纯）和谷氨酸（$HOOC\text{-}CH_2\text{-}CH_2\text{-}CHNH_2\text{-}COOH$，优级纯）在 130℃干燥 1h，各称取 150mg 溶于水中，在 1000mL 容量瓶中稀释至标线。此溶液的 BOD_5 为（210±20）mg/L，现用现配。该溶液也可少量冷冻保存，融化后立刻使用。

4.10　丙烯基硫脲硝化抑制剂，$\rho(C_4H_8N_2S)$ = 1.0g/L：溶解 0.20g 丙烯基硫脲（$C_4H_8N_2S$）于 200mL 水中混合，4℃保存，此溶液可稳定保存 14d。

4.11　乙酸溶液,1 + 1。

4.12　碘化钾溶液,ρ(KI) = 100g/L:将 10g 碘化钾(KI)溶于水中,稀释至 100mL。

4.13　淀粉溶液,ρ = 5g/L:将 0.50g 淀粉溶于水中,稀释至 100mL。

5　仪器和设备

本标准除非另有说明,分析时均使用符合国家 A 级标准的玻璃量器。本标准使用的玻璃仪器须清洁、无毒性和可生化降解的物质。

5.1　滤膜:孔径为 1.6μm。

5.2　溶解氧瓶:带水封装置,容积 250 ~ 300mL。

5.3　稀释容器:1000 ~ 2000mL 的量筒或容量瓶。

5.4　虹吸管:供分取水样或添加稀释水。

5.5　溶解氧测定仪。

5.6　冷藏箱:0 ~ 4℃。

5.7　冰箱:有冷冻和冷藏功能。

5.8　带风扇的恒温培养箱:(20 ± 1)℃。

5.9　曝气装置:多通道空气泵或其他曝气装置;曝气可能带来有机物、氧化剂和金属,导致空气污染,如有污染,空气应过滤清洗。

6　样品

6.1　采集与保存

样品采集按照 HJ/T 91 的相关规定执行。

采集的样品应充满并密封于棕色玻璃瓶中,样品量不小于 1000mL,在 0 ~ 4℃ 的暗处运输和保存,并于 24h 内尽快分析。24h 内不能分析,可冷冻保存(冷冻保存时避免样品瓶破裂),冷冻样品分析前需解冻、均质化和接种。

6.2　样品的前处理

6.2.1　pH 值调节

若样品或稀释后样品 pH 值不在 6 ~ 8 范围内,应用盐酸溶液(4.6)或氢氧化钠溶液(4.7)调节其 pH 值至 6 ~ 8。

6.2.2　余氯和结合氯的去除

若样品中含有少量余氯,一般在采样后放置 1 ~ 2h,游离氯即可消失。对在短时间内不能消失的余氯,可加入适量亚硫酸钠溶液去除样品中存在的余氯和结合氯,加入的亚硫酸钠溶液的量由下述方法确定。

取已中和好的水样 100mL,加入乙酸溶液(4.11)10mL、碘化钾溶液(4.12)1mL,混匀,暗处静置 5min。用亚硫酸钠溶液滴定析出的碘至淡黄色,加入 1mL 淀粉溶液(4.13)呈蓝色。再继续滴定至蓝色刚刚褪去,即为终点,记录所用亚硫酸钠溶液体积,由亚硫酸钠溶液消耗的体积,计算出水样中应加亚硫酸钠溶液的体积。

6.2.3　样品均质化

含有大量颗粒物、需要较大稀释倍数的样品或经冷冻保存的样品,测定前均需将样品搅拌均匀。

6.2.4　样品中有藻类

若样品中有大量藻类存在,BOD_5 的测定结果会偏高。当分析结果精度要求较高时,测定前应用滤孔为 1.6μm 的滤膜(5.1)过滤,检测报告中注明滤膜滤孔的大小。

6.2.5　含盐量低的样品

若样品含盐量低,非稀释样品的电导率小于 125μS/cm 时,需加入适量相同体积的四种盐溶液(4.3),使样品的电导率大于 125μS/cm。每升样品中至少需加入各种盐的体积 V 按式(附 6-1)计算:

$$V = (\Delta K - 12.8)/113.6 \tag{附 6-1}$$

式中:V——需加入各种盐的体积,mL;

ΔK——样品需要提高的电导率值，μS/cm。

7 分析步骤

7.1 非稀释法

非稀释法分为两种情况：非稀释法和非稀释接种法。

如样品中的有机物含量较少，BOD_5 的质量浓度不大于 6mg/L，且样品中有足够的微生物，用非稀释法测定。若样品中的有机物含量较少，BOD_5 的质量浓度不大于 6mg/L，但样品中无足够的微生物，如酸性废水、碱性废水、高温废水、冷冻保存的废水或经过氯化处理等的废水，采用非稀释接种法测定。

7.1.1 试样的准备

7.1.1.1 待测试样

测定前待测试样的温度达到(20 ±2)℃，若样品中溶解氧浓度低，需要用曝气装置(5.9)曝气 15min，充分振摇赶走样品中残留的空气泡；若样品中氧过饱和，将容器 2/3 体积充满样品，用力振荡赶出过饱和氧，然后根据试样中微生物含量情况确定测定方法。非稀释法可直接取样测定；非稀释接种法，每升试样中加入适量的接种液(4.2)，待测定。若试样中含有硝化细菌，有可能发生硝化反应，需在每升试样中加入 2mL 丙烯基硫脲硝化抑制剂(4.10)。

7.1.1.2 空白试样

非稀释接种法，每升稀释水中加入与试样中相同量的接种液(4.2)作为空白试样，需要时每升试样中加入 2mL 丙烯基硫脲硝化抑制剂(4.10)。

7.1.2 试样的测定

7.1.2.1 碘量法测定试样中的溶解氧

将试样(7.1.1.1)充满两个溶解氧瓶(5.2)中，使试样少量溢出，防止试样中的溶解氧质量浓度改变，使瓶中存在的气泡靠瓶壁排出。将一瓶盖上瓶盖，加上水封，在瓶盖外罩上一个密封罩，防止培养期间水封水蒸发干，在恒温培养箱(5.8)中培养 5d ±4h 或(2 +5)d ±4h 后测定试样中溶解氧的质量浓度。另一瓶 15min 后测定试样在培养前溶解氧的质量浓度。

溶解氧的测定按 GB/T 7489 进行操作。

7.1.2.2 电化学探头法测定试样中的溶解氧

将试样(7.1.1.1)充满一个溶解氧瓶(5.2)中，使试样少量溢出，防止试样中的溶解氧质量浓度改变，使瓶中存在的气泡靠瓶壁排出。测定培养前试样中的溶解氧的质量浓度。

盖上瓶盖，防止样品中残留气泡，加上水封，在瓶盖外罩上一个密封罩，防止培养期间水封水蒸发干。将试样瓶放入恒温培养箱(5.8)中培养 5d ±4h 或(2 +5)d ±4h。测定培养后试样中溶解氧的质量浓度。

溶解氧的测定按 GB/T 11913 进行操作。

空白试样的测定方法同 7.1.2.1 或 7.1.2.2。

7.2 稀释与接种法

稀释与接种法分为两种情况：稀释法和稀释接种法。

若试样中的有机物含量较多，BOD_5 的质量浓度大于 6mg/L，且样品中有足够的微生物，采用稀释法测定；若试样中的有机物含量较多，BOD_5 的质量浓度大于 6mg/L，但试样中无足够的微生物，采用稀释接种法测定。

7.2.1 试样的准备

7.2.1.1 待测试样

待测试样的温度达到(20 ±2)℃，若试样中溶解氧浓度低，需要用曝气装置(5.9)曝气 15min，充分振摇赶走样品中残留的气泡；若样品中氧过饱和，将容器的 2/3 体积充满样品，用力振荡赶出过饱和氧，然后根据试样中微生物含量情况确定测定方法。稀释法测定，稀释倍数按附表 6-1 和附表 6-2 方法确定，然后用稀释水(4.4)稀释。稀释接种法测定，用接种稀释水(4.5)稀释样品。若样品中含有硝化细菌，有可能发生硝化反应，需在每升试样培养液中加入 2mL 丙烯基硫脲硝化抑制剂(4.10)。

稀释倍数的确定：样品稀释的程度应使消耗的溶解氧质量浓度不小于 2mg/L，培养后样品中剩余溶解氧质量浓度不小于2mg/L,且试样中剩余的溶解氧的质量浓度为开始浓度的1/3～2/3为最佳。

稀释倍数可根据样品的总有机碳(TOC)、高锰酸盐指数(I_{Mn})或化学需氧量(COD_{Cr})的测定值,按照附表6-2列出的BOD_5与总有机碳(TOC)、高锰酸盐指数(I_{Mn})或化学需氧量(COD_{Cr})的比值R估计BOD_5的期望值(R与样品的类型有关),再根据附表6-2确定稀释因子。当不能准确地选择稀释倍数时,一个样品做2～3个不同的稀释倍数。

典型的比值R　　附表6-1

水样的类型	总有机碳R (BOD_5/TOC)	高锰酸盐指数R (BOD_5/I_{Mn})	化学需氧量R (BOD_5/COD_{Cr})
未处理的废水	1.2～2.8	1.2～1.5	0.35～0.65
生化处理的废水	0.3～1.0	0.5～1.2	0.20～0.35

BOD_5测定的稀释倍数　　附表6-2

BOD_5的期望值/(mg/L)	稀释倍数	水样类型
6～12	2	河水,生物净化的城市污水
10～30	5	河水,生物净化的城市污水
20～60	10	生物净化的城市污水
40～120	20	澄清的城市污水或轻度污染的工业废水
100～300	50	轻度污染的工业废水或原城市污水
200～600	100	轻度污染的工业废水或原城市污水
400～1 200	200	重度污染的工业废水或原城市污水
1 000～3 000	500	重度污染的工业废水
2 000～6 000	1 000	重度污染的工业废水

由附表6-1中选择适当的R值,按式(附6-2)计算BOD_5的期望值:

$$\rho = R \cdot Y \tag{附6-2}$$

式中:ρ——五日生化需氧量浓度的期望值,mg/L;

Y——总有机碳(TOC)、高锰酸盐指数(I_{Mn})或化学需氧量(COD_{Cr})的值,mg/L。

由估算出的BOD_5的期望值,按附表6-2确定样品的稀释倍数。

按照确定的稀释倍数,将一定体积的试样或处理后的试样用虹吸管(5.4)加入已加部分稀释水或接种稀释水的稀释容器中(5.3),加稀释水或接种稀释水至刻度,轻轻混合避免残留气泡,待测定。若稀释倍数超过100倍,可进行两步或多步稀释。

若试样中有微生物毒性物质,应配制几个不同稀释倍数的试样,选择与稀释倍数无关的结果,并取其平均值。试样测定结果与稀释倍数的关系确定如下:

当分析结果精度要求较高或存在微生物毒性物质时,一个试样要做两个以上不同的稀释倍数,每个试样每个稀释倍数做平行双样同时进行培养。测定培养过程中每瓶试样氧的消耗量,并画出氧消耗量对每一稀释倍数试样中原样品的体积曲线。

若此曲线呈线性,则此试样中不含有任何抑制微生物的物质,即样品的测定结果与稀释倍数无关;若曲线仅在低浓度范围内呈线性,取线性范围内稀释比的试样测定结果计算平均BOD_5值。

7.2.1.2　空白试样

稀释法测定,空白试样为稀释水(4.4),需要时每升稀释水中加入2mL丙烯基硫脲硝化抑制剂(4.10)。

稀释接种法测定,空白试样为接种稀释水(4.5),必要时每升接种稀释水中加入2mL丙烯基硫脲硝化抑制剂(4.10)。

7.2.2　试样的测定

试样和空白试样的测定方法同7.1.2.1或7.1.2.2。

8 结果计算

8.1 非稀释法

非稀释法按式(附 6-3)计算样品 BOD_5 的测定结果：

$$\rho = \rho_1 - \rho_2 \tag{附 6-3}$$

式中：ρ——五日生化需氧量质量浓度，mg/L；

ρ_1——水样在培养前的溶解氧质量浓度，mg/L；

ρ_2——水样在培养后的溶解氧质量浓度，mg/L。

8.2 非稀释接种法

非稀释接种法按式(附 6-4)计算样品 BOD_5 的测定结果：

$$\rho = (\rho_1 - \rho_2) - (\rho_3 - \rho_4) \tag{附 6-4}$$

式中：ρ——五日生化需氧量质量浓度，mg/L；

ρ_1——接种水样在培养前的溶解氧质量浓度，mg/L；

ρ_2——接种水样在培养后的溶解氧质量浓度，mg/L；

ρ_3——空白样在培养前的溶解氧质量浓度，mg/L；

ρ_4——空白样在培养后的溶解氧质量浓度，mg/L。

8.3 稀释与接种法

稀释法与稀释接种法按式(附 6-5)计算样品 BOD_5 的测定结果：

$$\rho = \frac{(\rho_1 - \rho_2) - (\rho_3 - \rho_4)f_1}{f_2} \tag{附 6-5}$$

式中：ρ——五日生化需氧量质量浓度，mg/L；

ρ_1——接种稀释水样在培养前的溶解氧质量浓度，mg/L；

ρ_2——接种稀释水样在培养后的溶解氧质量浓度，mg/L；

ρ_3——空白样在培养前的溶解氧质量浓度，mg/L；

ρ_4——空白样在培养后的溶解氧质量浓度，mg/L；

f_1——接种稀释水或稀释水在培养液中所占的比例；

f_2——原样品在培养液中所占的比例。

BOD_5 测定结果以氧的质量浓度(mg/L)报出。对稀释与接种法，如果有几个稀释倍数的结果满足要求，结果取这些稀释倍数结果的平均值。结果小于 100mg/L，保留一位小数；100 ~ 1000mg/L，取整数位；大于 1000mg/L 以科学计数法报出。结果报告中应注明：样品是否经过过滤、冷冻或均质化处理。

9 质量保证和质量控制

9.1 空白试样

每一批样品做两个分析空白试样，稀释法空白试样的测定结果不能超过 0.5mg/L，非稀释接种法和稀释接种法空白试样的测定结果不能超过 1.5mg/L，否则应检查可能的污染来源。

9.2 接种液、稀释水质量的检查

每一批样品要求做一个标准样品，样品的配制方法如下：取 20mL 葡萄糖-谷氨酸标准溶液(4.9)于稀释容器中，用接种稀释水(4.5)稀释至 1000mL，测定 BOD_5，结果应在 180 ~ 230mg/L 范围内，否则应检查接种液、稀释水的质量。

9.3 平行样品

每一批样品至少做一组平行样，计算相对百分偏差 *RP*。当 BOD_5 小于 3mg/L 时，*RP* 值应≤ ±15%；当 BOD_5 为 3 ~ 100mg/L 时，*RP* 值应≤ ±20%；当 BOD_5 大于 100mg/L 时，*RP* 值应≤ ±25%。计算公式如式(附 6-6)：

$$RP = \frac{\rho_1 - \rho_2}{\rho_1 + \rho_2} \times 100\% \tag{附 6-6}$$

式中：*RP*——相对百分偏差，%；

ρ_1——第一个样品 BOD_5 的质量浓度,mg/L;

ρ_2——第二个样品 BOD_5 的质量浓度,mg/L。

10　精密度和准确度

非稀释法实验室间的重现性标准偏差为0.10~0.22mg/L,再现性标准偏差为0.26~0.85mg/L。稀释法和稀释接种法的对比测定结果重现性标准偏差为11mg/L,再现性标准偏差为3.7~22mg/L。

七、化学需氧量测量方法——HJ/T 399—2007

水质　化学需氧量的测定　快速消解分光光度法(HJ/T 399—2007)

警告:硫酸汞属于剧毒化学品,硫酸也具有较强的化学腐蚀性,操作时应按规定要求佩戴防护器具,避免接触皮肤和衣服,若含硫酸溶液溅出,应立即用大量清水清洗;在通风柜内进行操作;检测后的残渣残液应做妥善的安全处理。

1　适用范围

本标准规定了水质化学需氧量快速消解分光光度测定方法。

本标准适用于地表水、地下水、生活污水和工业废水中化学需氧量(COD)的测定。

本标准对未经稀释的水样,其COD测定下限为15mg/L,测定上限为1000mg/L,其氯离子质量浓度不应大于1000mg/L。

本标准对于化学需氧量(COD)大于1000mg/L或氯离子含量大于1000mg/L的水样,可经适当稀释后进行测定。

2　规范性引用文件

本标准内容引用了下列文件中的条款,凡是不注日期的引用文件,其最新有效版本适用于本标准。

GB/T 6682　分析实验室用水的规格和试验方法

GB/T 11896　水质　氯化物的测定　硝酸银滴定法

JJG 975　化学需氧量(COD)测定仪

3　术语和定义

下列术语和定义适用于本标准。

化学需氧量(Chemical Oxygen Demand,COD)

在一定条件下,经重铬酸钾氧化处理,水样中的溶解性物质和悬浮物所消耗的重铬酸钾的量相对应的氧的质量浓度,1mol重铬酸钾($1/6\ K_2Cr_2O_7$)相当于1mol氧(1/2 O)。

4　原理

试样中加入已知量的重铬酸钾溶液,在强硫酸介质中,以硫酸银作为催化剂,经高温消解后,用分光光度法测定COD值。

当试样中COD值为100~1000mg/L,在600nm±20nm波长处测定重铬酸钾被还原产生的三价铬(Cr^{3+})的吸光度,试样中COD值与三价铬(Cr^{3+})的吸光度的增加值成正比例关系,将三价铬(Cr^{3+})的吸光度换算成试样的COD值。

当试样中COD值为15~250mg/L,在440nm±20nm波长处测定重铬酸钾未被还原的六价铬(Cr^{6+})和被还原产生的三价铬(Cr^{3+})的两种铬离子的总吸光度;试样中COD值与六价铬(Cr^{6+})的吸光度减少值成正比例,与三价铬(Cr^{3+})的吸光度增加值成正比例,与总吸光度减少值成正比例,将总吸光度值换算成试样的COD值。

5　试剂和材料

本标准所用试剂除另有注明外,均应为符合国家标准的分析纯化学试剂,实验用水为新制备的去离子水或蒸馏水。

5.1 水

应符合 GB/T 6682 一级水的相关要求。

5.2 硫酸：$\rho(H_2SO_4)=1.84g/mL$

5.3 硫酸溶液：(1+9)

将 100mL 硫酸(5.2)沿烧杯壁慢慢加入到 900mL 水中，搅拌混匀，冷却备用。

5.4 硫酸银-硫酸溶液：$\rho(Ag_2SO_4)=10g/L$

将 5.0g 硫酸银加入到 500mL 硫酸(5.2)中，静置 1～2d，搅拌，使其溶解。

5.5 硫酸汞溶液：$\rho(HgSO_4)=0.24g/mL$

将 48.0g 硫酸汞分次加入 200mL 硫酸溶液(5.3)中，搅拌溶解，此溶液可稳定保存 6 个月。

5.6 重铬酸钾($K_2Cr_2O_7$)：优级纯

5.7 重铬酸钾标准溶液

5.7.1 重铬酸标准钾溶液：$c(1/6\ K_2Cr_2O_7)=0.500mol/L$。

将重铬酸钾(5.6)在 120℃ ±2℃ 下干燥至恒重后，称取 24.5154g 重铬酸钾(5.6)置于烧杯中，加入 600mL 水，搅拌下慢慢加入 100mL 硫酸(5.2)，溶解冷却后，转移此溶液于 1000mL 容量瓶中，用水稀释至标线，摇匀。溶液可稳定保存 6 个月。

5.7.2 重铬酸钾标准溶液：$c(1/6\ K_2Cr_2O_7)=0.160mol/L$。

将重铬酸钾(5.6)在 120℃ ±2℃ 下干燥至恒重后，称取 7.8449g 重铬酸钾(5.6)置于烧杯中，加入 600mL 水，搅拌下慢慢加入 100mL 硫酸(5.2)，溶解冷却后，转移此溶液于 1000mL 容量瓶中，用水稀释至标线，摇匀。溶液可稳定保存 6 个月。

5.7.3 重铬酸钾标准溶液：$c(1/6\ K_2Cr_2O_7)=0.120mol/l$。

将重铬酸钾(5.6)在 120℃ ±2℃ 下干燥至恒重后，称取 5.8837g 重铬酸钾(5.6)置于烧杯中，加入 600mL 水，搅拌下慢慢加入 100mL 硫酸(5.2)，溶解冷却后，转移此溶液于 1000mL 容量瓶中，用水稀释至标线，摇匀。溶液可稳定保存 6 个月。

5.8 预装混合试剂

5.8.1 在一支消解管(7.1)中，按附表 7-1 的要求加入重铬酸钾溶液、硫酸汞溶液和硫酸银-硫酸溶液，拧紧盖子，轻轻摇匀，冷却至室温，避光保存。在使用前应将混合试剂摇匀。

5.8.2 配制不含汞的预装混合试剂，用硫酸溶液(5.3)代替硫酸汞溶液(5.5)，按照(5.8.1)方法进行。

5.8.3 预装混合试剂在常温避光条件下，可稳定保存 1 年。

预装混合试剂及方法(试剂)标识　　附表 7-1

<table>
<tr><th>测定方法</th><th>测定范围
(mg/L)</th><th>重铬酸钾溶液用量
(mL)</th><th>硫酸汞溶液用量
(mL)</th><th>硫酸银-硫酸溶液用量
(mL)</th><th>消解管规格
(mm)</th></tr>
<tr><td rowspan="4">比色池(皿)
分光光度法(1)</td><td rowspan="2">高量程
100～1000</td><td rowspan="2">1.00
(5.7.1)</td><td rowspan="2">0.50</td><td rowspan="2">6.00</td><td>φ20×120</td></tr>
<tr><td>φ16×150</td></tr>
<tr><td rowspan="2">低量程
15～250
或 15～150</td><td rowspan="2">1.00
(5.7.2)
或(5.7.3)</td><td rowspan="2">0.50</td><td rowspan="2">6.00</td><td>φ20×120</td></tr>
<tr><td>φ16×150</td></tr>
<tr><td rowspan="4">比色管分光
光度法(2)</td><td rowspan="2">高量程
100～1000</td><td colspan="2" rowspan="2">1.00
重铬酸钾溶液(5.7.1)+
硫酸汞溶液(5.5)[2+1]</td><td rowspan="2">4.00</td><td>φ16×120(3)</td></tr>
<tr><td>φ16×100</td></tr>
<tr><td rowspan="2">低量程
15～150</td><td colspan="2" rowspan="2">1.00
重铬酸钾溶液(5.7.3)+
硫酸汞溶液(5.5)[2+1]</td><td rowspan="2">4.00</td><td>φ16×120(3)</td></tr>
<tr><td>φ16×100</td></tr>
</table>

续上表

(1) 比色池(皿)分光光度法的消解管可选用 ϕ20mm×120mm 或 ϕ16mm×150mm 规格的密封管，宜选 ϕ20mm×120mm 规格的密封管；而在非密封条件下消解时应使用 ϕ20mm×150mm 的消解管。 (2) 比色管分光光度法的消解管可选用 ϕ16mm×120mm 或 ϕ16mm×100mm 规格的密封消解比色管，宜选 ϕ16mm×120mm 规格的密封消解比色管；而非密封条件下消解时，应使用 ϕ16mm×150mm 的消解比色管。 (3) ϕ16mm×120mm 密封消解比色管冷却效果较好。

5.9　邻苯二甲酸氢钾[C_6H_4(COOH)(COOK)]：基准级或优级纯

1mol 邻苯二甲酸氢钾[C_6H_4(COOH)(COOK)]可以被 30mol 重铬酸钾($1/6K_2Cr_2O_7$)完全氧化，其化学需氧量相当 30mol 的氧(1/2O)。

5.10　邻苯二甲酸氢钾 COD 标准贮备液

5.10.1　COD 标准贮备液：COD 值 5000mg/L。

将邻苯二甲酸氢钾(5.10)在 105～110℃下干燥至恒重后，称取 2.1274g 邻苯二甲酸氢钾(5.10)溶于 250mL 水(5.1)中，转移此溶液于 500mL 容量瓶中，用水(5.1)稀释至标线，摇匀。此溶液在 2～8℃下贮存，或在定容前加入约 10mL 硫酸溶液(5.3)，常温贮存，可稳定保存一个月。

5.10.2　COD 标准贮备液：COD 值 1250mg/L。

量取 50.00mL COD 标准贮备液(5.10.1)置于 200mL 容量瓶中，用水(5.1)稀释至标线，摇匀。此溶液在 2～8℃下贮存，可稳定保存一个月。

5.10.3　COD 标准贮备液：COD 值 625mg/L。

量取 25.00mL COD 标准贮备液(5.10.1)置于 200mL 容量瓶中，用水(5.1)稀释至标线，摇匀。此溶液在 2～8℃下贮存，可稳定保存一个月。

5.11　邻苯二甲酸氢钾 COD 标准系列使用液

5.11.1　高量程(测定上限 1000mg/L)COD 标准系列使用液：COD 值分别为 100mg/L、200mg/L、400mg/L、600mg/L、800mg/L 和 1000mg/L。

分别量取 5.00mL、10.00mL、20.00mL、30.00mL、40.00mL 和 50.00mL 的 COD 标准贮备液(5.10.1)，加入到相应的 250mL 容量瓶中，用水(5.1)定容至标线，摇匀。此溶液在 2～8℃下贮存，可稳定保存一个月。

5.11.2　低量程(测定上限 250mg/L)COD 标准系列使用溶液：COD 值分别为 25mg/L、50mg/L、100mg/L、150mg/L、200mg/L 和 250mg/L。

分别量取 5.00mL、10.00mL、20.00mL、30.00mL、40.00mL 和 50.00mL COD 标准储备液(5.10.2)加入到相应的 250mL 容量瓶中，用水(5.1)稀释至标线，摇匀。此溶液在 2～8℃下贮存，可稳定保存一个月。

5.11.3　低量程(测定上限 150mg/L)COD 标准系列使用溶液：COD 值分别为 25mg/L、50mg/L、75mg/L、100mg/L、125mg/L 和 150mg/L。

分别量取 10.00mL、20.00mL、30.00mL、40.00mL、50.00mL 和 60.00mL COD 标准贮备液(5.10.3)加入到相应的 250mL 容量瓶中，用水(5.1)稀释至标线，摇匀。此溶液在 2～8℃下贮存，可稳定保存一个月。

5.12　硝酸银溶液：$c(AgNO_3)$＝0.1mol/L

将 17.1g 硝酸银溶于 1000mL 水。

5.13　铬酸钾溶液：$\rho(K_2CrO_4)$＝50g/L

将 5.0g 铬酸钾溶解于少量水中，滴加硝酸银溶液(5.12)至有红色沉淀生成，摇匀，静置 12h，过滤并用水将滤液稀释至 100mL。

6　干扰及消除

6.1　氯离子是主要的干扰成分，水样中含有氯离子会使测定结果偏高，加入适量硫酸汞与氯离子形成可溶性氯化汞配合物，可减少氯离子的干扰，选用低量程方法测定 COD，也可减少氯离子对测定结果的影响。

6.2　在 600nm ±20nm 处测试时，Mn(Ⅲ)、Mn(Ⅵ)或 Mn(Ⅶ)形成红色物质，会引起正偏差，其 500mg/L 的锰溶液（硫酸盐形式）引起正偏差 COD 值为 1083mg/L，其 50mg/L 的锰溶液（硫酸盐形式）引起正偏差 COD 值为 121mg/L；而在 440nm ±20nm 处，则 500mg/L 的锰溶液（硫酸盐形式）的影响比较小，引起的偏差 COD 值为 -7.5mg/L，50mg/L 的锰溶液（硫酸盐形式）的影响可忽略不计。

6.3　在酸性重铬酸钾条件下，一些芳香烃类有机物、吡啶等化合物难以氧化，其氧化率较低。

6.4　试样中的有机氮通常转化成铵离子，铵离子不被重铬酸钾氧化。

7　仪器和设备

7.1　消解管

7.1.1　消解管应由耐酸玻璃制成，在 165℃ 温度下能承受 600kPa 的压力，管盖应耐热耐酸，使用前所有的消解管和管盖均应无任何破损或裂纹。

7.1.2　首次使用的消解管，应按以下方法进行清洗：

在消解管中加入适量的硫酸银-硫酸溶液(5.4)和重铬酸钾溶液(5.7.1)的混合液[6+1]，也可用铬酸洗液代替混合液。

拧紧管盖，在 60～80℃ 水浴中加热管子，手执管盖，颠倒摇动管子，反复洗涤管内壁。

室温冷却后，拧开盖子，倒出混合液，再用水冲洗净管盖和消解管内外壁。

7.1.3　当消解管作为比色管进行光度测定时，应从一批消解管中随机选取 5～10 支，加入 5mL 水(5.1)，在选定的波长处测定其吸光度值，吸光度值的差值应在 ±0.005 之内。

7.1.4　消解管作比色管应符合使用说明书的要求，消解管用于光度测定的部位不应有擦痕和粗糙；在放入光度计前应确保管子外壁非常洁净。

7.2　加热器

7.2.1　加热器应具有自动恒温加热、计时鸣叫等功能，有透明且通风的防消解液飞溅的防护盖。

7.2.2　加热器加热时不会产生局部过热现象。加热孔的直径应能使消解管与加热壁紧密接触。为保证消解反应液在消解管内有充分的加热消解和冷却回流，加热孔深度一般不低于或高于消解管内消解反应液高度 5mm。

7.2.3　加热器加热后应在 10min 内达到设定的 165℃ ±2℃ 温度，其他指标及检验参照 JJG 975 的有关要求。

7.3　光度计

光度测量范围不小于 0～2 吸光度范围，数字显示灵敏度为 0.001 吸光度值。

7.3.1　普通光度计

在测定波长处，可用普通长方形比色皿测定的光度计。

7.3.2　专用光度计

在测定波长处，用固定长方形比色皿(池)测定 COD 值的光度计或用消解比色管测定 COD 值的光度计。

宜选用消解比色管测定 COD 的专用分光计。

7.3.3　性能校正

在正常工作时，比色池(皿)或消解比色管装入适量水(5.1)调整吸光度值为 0.000 时，每隔 1min，读取记录一次数据，20min 内吸光度小于 0.005。光度计其他指标及检验参照 JJG 975 的有关要求。

7.4　消解管支架

不擦伤消解比色管光度测量的部位，方便消解管的放置和取出，耐 165℃ 热烫的支架。

7.5　离心机

可放置消解比色管进行离心分离，转速范围为 0～4000r/min。

7.6　手动移液器(枪)

最小分度体积不大于 0.01mL。

7.7 A 级吸量管、容量瓶和量筒

7.8 搅拌器(机)

8 样品

8.1 水样的采集与保存

水样采集不应少于 100mL,应保存在洁净的玻璃瓶中。采集好的水样应在 24h 内测定,否则应加入硫酸(5.2)调节水样 pH 值≤2。在 0~4℃保存,一般可保存 7d。

8.2 试样的制备

8.2.1 水样氯离子的测定

在试管中加入 2.00mL 试样,再加入 0.5mL 硝酸银溶液(5.12),充分混合,最后加入 2 滴铬酸钾溶液(5.13),摇匀,如果溶液变红,氯离子溶液低于 1000mg/L;如果仍为黄色,氯离子质量浓度高于1000mg/L。或按 GB/T 11896 方法测定水样中氯离子的质量浓度。

8.2.2 水样的稀释

应将水样在搅拌均匀时取样稀释,一般取被稀释水样不少于 10mL,稀释倍数小于 10 倍。水样应逐次稀释为试样。

初步判定水样的 COD 质量浓度,选择对应量程的预装混合试剂(5.8),加入相应体积的试样,摇匀,在 165℃ ±2℃加热 5min,检查管内溶液是否呈现绿色,如变绿应重新稀释后再进行测定。

9 测定条件的选择

9.1 分析测定的条件见附表 7-1 和附表 7-2。宜选用比色管分光光度法测定水样中的 COD。

9.2 比色池(皿)分光光度法选用 ϕ20mm ×150mm 规格的消解管时,消解可在非密封条件下进行。

9.3 比色管分光光度法选用 ϕ16mm ×150mm 规格的消解比色管时,消解可在非密封条件下进行。

分析测定条件 附表 7-2

测定方法	测定范围(mg/L)	试样用量(mL)	比色池(皿)或比色管规格(mm)	测定波长(nm)	检出限(mg/L)
比色池(皿)分光光度法	高量程 100~1000	3.00	20(1)	600±20	22
	低量程 15~250 或 15~150	3.00	10(1)	440±20	3.0
比色管分光光度法	高量程 100~1000	2.00	ϕ16×120(2)	600±20	33
			ϕ16×100(2)		
	低量程 15~150	2.00	ϕ16×120(2)	440±20	2.3
			ϕ16×100(2)		

(1)长方形比色池(皿)。

(2)比色管为密封管,外径 ϕ16mm,壁厚 1.3mm,长 120mm 密封消解比色管消解时冷却效果较好。

10 分析步骤

10.1 校准曲线的绘制

10.1.1 打开加热器,预热到设定的 165℃ ±2℃。

10.1.2 选定预装混合试剂(5.8),摇匀试剂后再拧开消解管管盖。

10.1.3 量取相应体积的 COD 标准系列溶液(试样)沿到管内壁慢慢加入到管中。

10.1.4 拧紧消解管管盖,手执管盖颠倒摇匀消解管中溶液,用无毛纸擦净管外壁。

10.1.5 将消解管放入 165℃ ±2℃的加热器(7.2)的加热孔中,加热器温度略有降低,待温度升到设定的 165℃ ±2℃时,计时加热 15min。

10.1.6 从加热器中取出消解管,待消解管冷却至 60℃左右时,手执管盖颠倒摇动消解管几次,使管内

溶液均匀，用无毛纸擦净管外壁，静置，冷却至室温。

10.1.7　高量程方法在 600nm ±20nm 波长处，以水(5.1)为参比液，用光度计(7.3)测定吸光度值。

低量程方法在 440nm ±20nm 波长处，以水(5.1)为参比液，用光度计(7.3)测定吸光度值。

10.1.8　高量程 COD 标准系列使用溶液 COD 值对应其测定的吸光度值减去空白试验测定的吸光度值的差值，绘制校准曲线。

低量程 COD 标准系列使用溶液 COD 值对应其测定的吸光度值减去空白试验测定的吸光度值的差值，绘制校准曲线。

10.2　空白试验

用水代替试样，按照 10.1.1 至 10.1.7 的步骤测定其吸光度值，空白试验应与试样同时测定。

10.3　试样的测定

10.3.1　按照附表 7-1 和附表 7-2 的方法的要求选定对应的预装混合试剂(5.8)，将已稀释好的试样(8.2)在搅拌均匀时，取相应体积的试样(8.2)。

10.3.2　按照 10.1.1 至 10.1.8 的步骤进行测定。

10.3.3　若试样中含有氯离子时，选用含汞预装混合试剂(5.8)进行氯离子的掩蔽。

在加热消解前，应颠倒摇动消解管，使氯离子同 Ag_2SO_4 易形成 AgCl 白色乳状块消失。

10.3.4　若消解液混浊或有沉淀，影响比色测定时，应用离心机离心变清后，再用光度计测定。

若消解液颜色异常或离心后不能变澄清的样品不适用本测定方法。

10.3.5　若消解管底部有沉淀影响比色测定时，应小心将消解管中上清液转入比色池(皿)中测定。

10.3.6　测定的 COD 值由相应的校准曲线查得，或由光度计自动计算得出。

11　结果计算

在 600nm ±20nm 波长处测定时，水样 COD 的计算：

$$\rho(\mathrm{COD}) = n[k(A_s - A_b) + a] \tag{附 7-1}$$

在 440nm ±20mn 波长处测定时，水样 COD 的计算：

$$\rho(\mathrm{COD}) = n[k(A_b - A_s) + a] \tag{附 7-2}$$

式中：ρ(COD)——水样 COD 值，单位为 mg/L；

n——水样稀释倍数；

k——校准曲线灵敏度，单位为(mg/L)/1；

A_s——试样测定的吸光度值，单位为 1；

A_b——空白试验测定的吸光度值，单位为 1；

a——校准曲线截距，单位为 mg/L。

注：COD 测定值一般保留三位有效数字。

12　准确度和精密度

12.1　高量程方法测定的准确度和精密度

同一实验室平行六次测定 132mg/L COD 标准溶液相对误差为 -2.3%，511mg/L COD 标准溶液相对误差 0.8%；

六个实验室分别测定 COD 值为 100mg/L 的标准溶液实验室内相对标准偏差为 4.7%，实验室间相对标准偏差为 5.4%；

六个实验室分别测定 COD 值为 400mg/L 的标准溶液实验室内相对标准偏差为 1.5%，实验室间相对标准偏差为 1.8%；

六个实验室分别测定 COD 值为 1000mg/L 的标准溶液实验室内相对标准偏差为 0.9%，实验室间相对标准偏差为 0.9%。

12.2　低量程方法精密度和准确度

同一实验室平行六次测定 51.9mg/L COD 标准溶液相对误差为 2.9%；204mg/L COD 标准溶液相对误差 1.0%；

六个实验室分别测定 COD 值为 25.0mg/L 的标准溶液实验室内相对标准偏差为 7.4%，实验室间相对标准偏差为 8.8%；

六个实验室分别测定 COD 值为 100mg/L 的标准溶液实验室内相对标准偏差为 3.1%，实验室间相对标准偏差为 3.2%；

六个实验室分别测定 COD 值为 250mg/L 的标准溶液实验室内相对标准偏差为 1.7%，实验室间相对标准偏差为 1.7%。

八、浮物测量方法——GB 11901—1989

水质　悬浮物的测定　重量法（GB 11901—1989）

1　主题内容和适用范围

本标准规定了水中悬浮物的测定。

本标准适用于地面水、地下水，也适用于生活污水和工业废水中悬浮物测定。

2　定义

水质中的悬浮物是指水样通过孔径为 0.45μm 的滤膜，截留在滤膜上并于 103 ~ 105℃ 烘干至恒重的固体物质。

3　试剂

蒸馏水或同等纯度的水。

4　仪器

4.1　常用实验室仪器和以下仪器。

4.2　全玻璃微孔滤膜过滤器。

4.3　CN - CA 滤膜、孔径 0.45μm、直径 60mm。

4.4　吸滤瓶、真空泵。

4.5　无齿扁咀镊子。

5　采样及样品贮存

5.1　采样

所用聚乙烯瓶或硬质玻璃瓶要用洗涤剂洗净。再依次用自来水和蒸馏水冲洗干净。在采样之前，再用即将采集的水样清洗三次。然后，采集具有代表性的水样 500 ~ 1000mL，盖严瓶塞。

注：漂浮或浸没的不均匀固体物质不属于悬浮物质，应从水样中除去。

5.2　样品贮存

采集的水样应尽快分析测定。如需放置，应贮存在 4℃ 冷藏箱中，但最长不得超过七天。

注：不能加入任何保护剂，以防破坏物质在固、液间的分配平衡。

6　步骤

6.1　滤膜准备

用扁咀无齿镊子夹取微孔滤膜放于事先恒重的称量瓶里，移入烘箱中于 103 ~ 105℃ 烘干半小时后取出置干燥器内冷却至室温，称其重量。反复烘干、冷却、称量，直至两次称量的重量差 ≤0.2mg。将恒重的微孔滤膜正确的放在滤膜过滤器（4.1）的滤膜托盘上，加盖配套的漏斗，并用夹子固定好。以蒸馏水湿润滤膜，并不断吸滤。

6.2　测定

量取充分混合均匀的试样 100mL 抽吸过滤。使水分全部通过滤膜。再以每次 10mL 蒸馏水连续洗涤三次，继续吸滤以除去痕量水分。停止吸滤后，仔细取出载有悬浮物的滤膜放在原恒重的称量瓶里，移入烘箱中于 103 ~ 105℃下烘干一小时后移入干燥器中，使冷却到室温，称其重量。反复烘干、冷却、称量，直至两次称量的重量差≤0.4mg 为止。

注：滤膜上截留过多的悬浮物可能夹带过多的水分，除延长干燥时间外，还可能造成过滤困难，遇此情况，可酌情少取试样。滤膜上悬浮物过少，则会增大称量误差，影响测定精度，必要时，可增大试样体积。一般以 5 ~ 100mg 悬浮物量作为量取试样体积的实用范围。

7　结果的表示

悬浮物含量 C(mg/L)按下式计算：

$$C = \frac{(A - B) \times 10^6}{V} \tag{附 8-1}$$

式中：C——水中悬浮物浓度，mg/L；

A——悬浮物 + 滤膜 + 称量瓶重量，g；

B——滤膜 + 称量瓶重量，g；

V——试样体积，mL。